지안이는 1학년

초등교사 엄마도
내 아이 1학년은
어렵다

전영신 지음

스토리닷

차례

Part 3

매일 성장하는 엄마가 아이도 잘 키운다

'엄마 8년 차, 나는 왜 아직도 이렇게 서툴기만 할까'

많이 알면 아이를 잘 키울 줄 알았습니다. 육아서와 자녀 교육서를 닥치는 대로 읽고 실천했어요. 시간이 많으면 아이에게 더 정성을 쏟을 줄 알았습니다. 아이가 1학년이 되면서 육아휴직을 신청했고 그동안 일하느라 못 해줬던 것을 다 해주고 싶었어요. 초등교사로 13년을 살았습니다. 현장에서 수많은 아이를 관찰했고 아이의 어떤 말과 행동이 선생님의 신뢰와 친구들의 사랑을 받는지 누구보다 잘 알고 있다고 생각했어요. 그래서 제가 마음만 먹으면 우리 아이를 대단히 멋진 1학년으로 만들 수 있을 것이라 생각했습니다.

그런데 매일 힘들었어요. 힘들어도 너무 힘들었습니다. 학교에서 돌아온 아이의 짜증을 받아주는 것도, 놀이터에서 아이와 아이 친구의 갈등을 목격하는 것도, 옆집 엄마의 이야기를 듣는 것도 다 힘에 부쳤어요. 맹세코 아이를 저의 소유물이나 인생의 성적표로 여긴 적은 없습니다. 가르치고 명령하기보다는 아이의 의견을 들어주었어요. 완벽한 육아 로드맵을 짜서 아이를 채근하기보다는 아이의 있는 그대로를 사랑하고 존중했습니다. 분명 책에서 배운 대로, 나의 소신대로 아이를 키우고 있는데 대체 왜 이다지도 마음이 힘들까 생각했어요.

저는 아이를 제 삶의 숙제라고 여겼던 것 같아요. 내가 가진 모든 역량을 쏟아부어 매 순간 최선을 다해야지, 부모의 책임을 다해서 어떻게든 행복한 아이로 자라도록 도와야지 다짐했습니다. 내가 받은 상처를 대물림하지 않고 나와는 다른 삶을 살도록, 단단한 어른이 되도록 내가 더 잘해야 한다고 생각했어요. 그 뜨거운 사명감이 저를 짓눌렀습니다. 미간을 잔뜩 찌푸린 제 얼굴을 보고 문득 정신을 차렸어요. 인생에 단 한 번뿐인 아이의 여덟 살을 놓치지 않으려고 새로운 고민을 시작했습니다. 이 책은 그 일 년의 기록이에요.

아이의 1학년을 잘 보내는데 진짜 알아야 할 것은 학교 교육과정,

아동 발달단계, 과목별 공부전략이 아니었어요. 이 책 1장에서는 내 아이를 이해하고 제대로 소통하는 것이 우선이라 말하고 있습니다. 2장에서는 이 시기에 꼭 챙겨야 할 경험과 습관을 담았습니다. 실제로 지내보니 아이를 적응시키고 아이 친구 엄마와 친분을 맺다 보면 1학기가 끝나고, 남들 따라 영어·수학학원 레벨 테스트 보러 다니다 보면 2학기가 끝나겠더라고요. 3·4장에서는 엄마의 성장과 가정의 행복에 대한 이야기를 다루었습니다. 저 역시 아이를 사랑하는 만큼 온 신경을 아이에게 쏟았어요. 나는 뒷전이고 부부의 건강한 관계 맺음도 소홀히 했습니다. 하지만 이제는 알아요. 엄마를 가꾸고 가정을 단단히 하면 아이는 저절로 잘 자라요.

이 책은 학교생활 가이드북이나 초등입학 준비서는 아닙니다. 이와 관련해서는 너무나 훌륭한 책들이 이미 나와 있어요. 저도 아이 입학을 앞둔 1·2월에 그 책들을 탑처럼 쌓아놓고 읽었습니다. 다 아는 내용인데도 읽었어요. 읽어도 불안을 떨쳐낼 수 없었습니다. 무엇보다 저는

"엄마가 아는 만큼 아이의 학교생활이 달라진다."는 말을 할 수 없었습니다. 학교를 잘 안다고 아이를 학교에 보내는 게 쉬웠다면 저는 아마 이 책을 쓰지 못했을 거예요.

일 년 내내 조마조마한 마음으로, 전전긍긍하면서 아이를 키워낸 이야기입니다. 대나무 같은 딸과 갈대 같은 엄마의 고군분투기예요. 잘난 엄마가 앞서서 아이를 이끌어주는 내용이 아닙니다. 아이의 말캉한 손을 맞잡고 투스텝으로 뛰었다가 넘어졌다가 울었다가 다시 깔깔거린 이야기예요. 매일 열심과 열정을 다하고도 힘겨운 초등학생 학부모님, 최선을 다하고도 아이에게 미안한 초등학생 학부모님에게 부디 이 책이 작은 도움과 위로가 되길 희망합니다. 고작 한 사람의 일 년 살이지만 엄마는 덜 힘들고, 아이는 더 많이 웃을 수 있는 처방전이 되면 좋겠습니다. 이 책을 손에 든 당신의 오늘이 혹은 며칠이 조금 더 다정하고 따뜻하며 안심되면 좋겠습니다.

Part 1

학교 교육보다
가정 교육이 먼저다

학교 교육보다
가정 교육이 중요합니다

"엄마가 초등학교 교사니까 아이 교육은 문제없겠네요. 지안이는 좋겠어요."

어쩌다 제 직업을 알게 된 아이 친구 엄마들에게서 가장 많이 듣는 말입니다. 그게 사실이면 얼마나 좋을까요. 학교 시스템과 초등교육 과정을 다 알아도 내 자식 교육은 너무나 어렵습니다. 엄마가 아는 만큼, 엄마가 준비해서 이끌어주는 만큼 아이가 따라준다면 걱정이 없겠어요.

학교에서 일 년 동안 진행되는 굵직한 행사에 어떤 것이 있는지 잘 알지만, 막상 내 아이 알림장이나 가정통신문을 제대로 확인하지 않으면 놓치기 일쑤입니다. 아이가 첫 현장체험학습을 하러 갈 때 저는 며칠 전부터 도시락을 어떻게 싸야 할까, 몇 시부터 일어나서 준비해야 할까 고민하고 있었어요. 그런데 알고 보니 현장에서 피자를 만들어 먹어서 도시락은 필요 없었습니다. 학교 메신저를 잘 보고 있다가 도착예정시간보다 한참 앞서서 아이를 데리러 갔는데 아무리 기다려도 버스가 오지 않습니다. 하필이면 그 전날 알림장을 확인하지 않아 버스 하차 장소가 교문이 아닌 근처 분식집 앞이라는 사실을 놓친 거예요.

그 순간에는 아이에게 미안한 마음도 들고 자책도 했지만 사실 그런 건 중요하지 않습니다. 학교의 일 년 행사든 학급의 일과든 선생님의 안내에 귀 기울이면 쉽게 알 수 있어요. 내 아이를 한 달만 학교에 보내보아도 금세 파악할 수 있고 때로는 엄마들 사이의 입소문이 발 빠른 정보를 제공하기도 합니다.

학교에서 사랑받는 아이요? 뻔하지 않나요? 성실하고 예의 바른 아이들이 사랑받습니다.

"숙제 안 했어? 또? 내일은 꼭 챙겨오렴."

"청소 다 했어? 어디 보자. 쓰레기가 아직 남았는데?"

이런 말을 할 필요가 없는 아이들, 맡은 일을 정성스럽게 해내는 아이들은 누가 봐도 예뻐요. 학년이 올라가고 교사가 바뀌어도 내내 칭찬만 듣습니다.

말 한마디라도 공손하게 하고 아침에 학교에 오면 허리를 숙여 큰소리로 인사하는 아이들은 교사의 마음을 녹입니다. 바쁜 일을 하다가도 웃는 얼굴로 아이를 맞이하게 되고 아이 표정도 살피게 되지요. 선생님의 말씀에 항상 귀를 쫑긋 세우고 친구들에게 함부로 대하지 않으며 모든 행동에서 존중과 배려가 묻어나는 아이, 지친 교사에게 에너지를 줍니다. 체육 시간 게임 활동이 끝나고 자리에 남아 교구 정리를 도와주는 아이는 그야말로 보배입니다. 무엇이든 믿고 맡길 수 있어요.

그런데 내 아이도 그런가요? 그렇다면 정말 감사한 일입니다(진심으로 부러워요. 저희 아이는 안 그렇거든요). 중요한 건 학교를 잘 아는 일이 아닙니다. 내 아이를 제대로 파악하는 일이 더 먼저예요. 학교는, 교사는 내 아이를 있는 그대로 존중하고 온전히 이해하기 힘들어요. 오해는 하지 말아주세요. 학교와 교사가 부족하고 문제가 있다는 뜻은 아닙니다. 한정된 시간에 스무 명 이상의 아이들을 가르치려면 어쨌든 효율성을 추구할 수밖에 없어요. 개인보다는 전체에 초점이 맞춰져 있습니다. 아이가 부족해도 쉽게 포기하지 않을 사람, 아이가 잘되길 가장 간절히 바라는 사람은 역시 부모잖아요.

사실 가정 교육을 강조하고 싶은 가장 큰 이유는 바로 이겁니다. 흔들리고 무너진 가정의 아이들이 얼마나 힘들어하는지 현장에서 너무 많이 봤어요. 부부의 갈등은 때로 아이들을 공격적으로 혹은 무기력하게 만듭니다. 엄마의 우울감은 아이를 냉소적으로 만들고 심한 경우 자해를 하기도 합니다. 이럴 때 학교와 교사가 해줄 수 있는 일은 많지 않아요. 민감한 문제라 개입이 어렵기도 하거니와 개입을 한다 해도 이미 정서적인 타격이 너무 크기 때문에 그 영향은 미미합니다.

가정 교육, 부모가 올바른 본을 보이고 자녀교육을 공부해서 아이를 이끌어주면 더할 나위 없습니다. 그러나 저는 가정을 단단하게 지켜내는 일, 아이가 끝까지 믿고 의지할 울타리가 되어주는 일만 잘해도 가정 교육은 이미 성공이라고 생각해요. 물론 말처럼 쉽지 않습니다.

저도 이게 제일 어려워요. '자식을 위해 참아야지' 했다가 '참다가 내가 먼저 병들지' 하며 수많은 밤을 뒤척였어요. 어디 가서 털어놓기도 창피하고 도와줄 사람도 없습니다. 처음부터 끝까지 나와 배우자의 몫이에요.

학교는 아이들에게 불편한 곳입니다. 당연해요. 내 마음대로 했다가는 선생님께 혼나고 친구들에게 미움받습니다. 지켜야 할 규칙도 많고 할 수 있는 일보다는 할 수 없는 일이 훨씬 많아요. 아이마다 정도의 차이는 있겠지만 긴장이 사라지고 완벽히 편안한 상태를 느끼기는 어렵습니다. 고학년으로 갈수록 더 심해져요. '경쟁'이라는 또 다른 괴물이 아이들을 기다리고 있거든요. 공부경쟁에서, 관계 경쟁에서 뒤처지지 않기 위해 아이들은 발버둥 칩니다.

아이가 학교에서 겪는 정서적 어려움을 부모가 어떻게 알아채고 도와주느냐에 따라 아이의 학교생활이 결정됩니다. 그래서 가정 교육이 중요해요.

"나, 이거 쉬는 시간까지 진짜 열심히 만들었는데 선생님은 ○○만 칭찬해요."

"엄마, 내가 △△랑 놀고 싶어서 옆에 가면 자꾸 나보고 다른 데로 가라고 해요."

"엄마, 방과 후 음악줄넘기 하는데 □□언니가 나를 째려보면서 귓속말해요."

아이는 이런 상황들이 불편하고 불쾌합니다. 그런데 집에 와서 부모님에게 말하면 대부분 부모는 '괜찮아. 신경 쓰지 마. 뭐 그런 걸 가지고.'라는 식의 반응을 해요. 아이에게는 아주 큰 문제입니다. 어른도 마찬가지 아닌가요? 같은 상황을 직장에서 겪었다고 상상해보세요. 상급자가 내 노력을 인정해주지 않고, 동료들이 따돌리는데 괜찮을 리 있나요? 아마 오늘 당장 사직서를 내고 싶을지도 몰라요.

부모가 대신해서 문제를 해결해줘야 한다는 뜻이 아니에요. 부모가 문제를 어떻게 대하고 어떤 말을 해주느냐에 따라 아이의 긴장이 완화되기도 하고 높아지기도 합니다. 아이가 느꼈을 억울함, 소외감, 분노를 긍정적인 감정으로 바꿔줄 수는 없습니다. 극복하고 이겨내야 할 문제도 아니에요. 그저 부모에게는 온전히 기대어 솔직하게 털어놓고 정서적 안정감을 찾는 게 중요합니다. 이건 부모만이 할 수 있어요. '말해 봤자 혼나기만 할 텐데 뭐.'라는 마음을 갖게 만들면 안 됩니다. 부모와의 충분한 정서적 교감이 있으면 아이는 마음이 안정되어 다른 일도 잘해냅니다.

아이가 학교에 가면 선생님과 친구들의 영향을 가장 많이 받습니다. 그런데 항상 훌륭한 선생님, 좋은 친구들을 만나는 건 아니에요. 변수가 많습니다. 아무리 속상해도 아이 앞에서 선생님 흉은 보지 말고 선생님을 전적으로 믿고 따르는 게 아이를 위하는 길이라고들 하지요. 하지만 어쩔 수 없이 서운한 마음이 들 때도 있습니다. 아이가 친구 문제로 힘들어하면 어떤 부모님들은 "지금 친구가 영원한 친구도 아니야. 나중에 크면 서로 연락도 안 할걸?" 하고 말하기도 합니다. 물론 안타까운 마음에 아이가 훌훌 털어버렸으면 하는 바람으로 그러실 겁니다. 하지만 괜찮은 조언은 결코 아니에요. 관계가 무탈해야 학교생활이 편안합니다. 한결같은 모습으로 아이를 가르치고 응원해줄 사람은 부모뿐입니다.

가끔 '나도 엄마가 옆에 있었으면 좋겠다. 나한테도 엄마가 필요하다.' 생각이 들 때가 있어요. 직장생활의 경쟁에서 도망치고 싶을 때, 인간관계가 힘들고 지칠 때 그런 생각을 많이 합니다. 그건 엄마가 내 문제를 해결해주어서가 아니라 잘하고 있으니 걱정하지 말라는 위로가 듣고 싶어서 그래요. 힘든 학교생활을 마치고 돌아왔을 때 손 내밀어주고 안아주는 부모가 있으면 아이는 다시 꿋꿋하게 나아갑니다.

육아일기 대신
관찰기록장을 써보세요

'어제의 봄봄이는 정말 혼자 보기 아까웠다. 그동안은 갈 때마다 미동도 없이 잠만 잤었는데 어제는 속싸개를 벗겨놓아서 그런지 자는 내내 잠시도 가만히 있지 않았다. 하품도 하고, 손발도 계속 꼬고, 꼬물꼬물 어찌나 귀여운지 자꾸 웃음이 났다. 울음소리도 처음 들어보았다. 간호사한테 물어볼 때마다 "눈도 잘 뜨고 잘 운다."고 했지만, 괜스레 걱정됐는데 울음소리와 우는 표정도 정말 사랑스러웠다. 간호사가 그냥 인사치레로 하는 말이겠지만 "눈 뜨면 더 귀여운데"라고 말해주어 괜히 내 자식 칭찬 같아 입이 다물어지지 않았다.'

생후 15일, 인큐베이터에 있던 아이를 보고 돌아와 쓴 일기입니다. 모든 게 예쁘고 신기했어요. 눈만 잘 떠도 고맙고 입을 벌리며 하품하는 모습에도 감탄했습니다. 아이가 "엄마!" 하고 처음 불렀을 때, 첫걸음마를 뗐을 때, 울지 않고 어린이집에 들어갔을 때, 변기에 대변보기를 성공했을 때 누가 보는 사람이 없어도 크게 손뼉을 치며 호들갑을 떨었어요. 기뻐 어쩔 줄 몰랐어요. 아이의 성장이 벅차고 감격스러웠습니다.

그런데 아이를 키우다 보니 이 기쁨의 순간들을 종종 잊어버려요. 잊지 않기 위해 육아일기를 썼습니다. 생후 3년 정도까지 참 열심히 썼어요. 낮잠을 재우기 위해 어떤 시도를 했는지, 밤에 몇 번이나 깼는지, 첫 문화센터 수업에서 무엇을 했는지 빼곡히 적혀있습니다. 그런데 그 이후로는 뭐가 그리 바빴는지 혹은 아이의 성장이 덜 감탄스러웠는지 육아일기를 쓰지 못했어요.

일곱 살 겨울 즈음부터 다시 기록이 시작되었습니다. 이번에는 육아일기가 아닌 아이의 말과 행동을 적은 관찰기록장이었어요. 아이를 키우다 보면 엄마의 기분이 몹시 극단적으로 됩니다. 어느 날은 아이가 예뻐 죽겠어요. 어디서 이렇게 사랑스러운 아이가 나왔을까, 내가 태어나서 가장 잘한 일은 이 아이를 낳은 일이다 싶어요. 그런데 어느 날은요. 아이 때문에 미쳐버릴 것 같아요. 대체 나를 왜 이렇게 힘들게 할까, 다시 뱃속으로 들여보내고 싶어요.

아이와 대화도 잘 통하고 즐겁게 나들이하러 다녀온 날이면 이런 게 정말 행복이다, 더 바랄 게 없다 하고요. 사람 많은 거리에서 아이랑 실랑이를 벌인 날이면 다른 사람은 다 편안하고 행복해 보이는데 내 육아만 힘든 것 같아요. 아이가 자라면서 나아지긴 하는 건지 답답했어

Part 1 학교 교육보다 가정 교육이 먼저다

요. 내 감정이 너무 쉽게 오락가락하는 건 아닌지 자책했습니다. 답답함을 달래려고, 자책을 내려놓으려고 기록을 했습니다. 날짜별로 기록하지 않았어요. 그냥 두 부분으로 나누었습니다. 하나는 '감탄스러운' 말과 행동이었고 다른 하나는 '꼴 보기 싫은' 말과 행동이었어요.

아이가 초등학교에 입학하면서 다짐한 것이 있습니다. 아이에게 더 많이 감탄하기로 했어요. 겉으로 보기에 많이 큰 것 같아서 자꾸 뭔가를 더 기대하고 다그치게 되는데 스스로 경계하고 싶었어요. 아이 기준에서는 최선을 다하는 것이니 그것을 알아주고 감탄해주자 마음먹었습니다. 그랬더니 정말 감탄할 만한 말과 행동이 많이 보이더라고요. 그걸 다 기록했습니다.

아이는 고통을 견뎌내는 힘이 있었어요. 온 가족이 보건소로 코로나검사를 받으러 갔을 때입니다. 몹시 추운 날씨였고 줄이 길 것 같아 걱정이 많았습니다. 간이의자도 준비하고 담요도 챙겼어요. 코를 찔러서 하는 PCR 검사는 처음이라 아이가 못하겠다고 버티면 어쩌나 그것도 걱정이었습니다. 그런데 아이는 건물을 한 바퀴 돌아 주차장 입구까지 늘어서 있는 그 긴 줄에서 자기 차례가 될 때까지 정말 잘 기다렸어요. 긴 면봉으로 코를 푹 찌르는 것도 눈 한번 질끈 감더니 금방 끝냈습니다. 감탄했어요.

아이는 때로 엄마를 다독이고 응원합니다. 딸아이는 어릴 때부터 발레를 배운 덕분인지 다리가 일자로 쭉쭉 찢어져요. 그 모습을 보며 부러워하자 자신이 엄마의 발레 선생님을 자처합니다. 무작정 제 다리를 힘주어 벌리는 게 아니었어요. '아기 자세 - 다리 뒤로 뻗기 - 다리 양

옆으로 벌리기' 세 동작을 연습하라고 가르쳐줍니다. 그렇게 몇 세트를 반복했는데 실력이 늘기는커녕 다리가 아파서 비명만 나옵니다. 제가 속상해하자 "엄마, 괜찮아. 나는 처음에 엄마보다 더 못했어. 이거 봐 봐. 이 정도였다니까." 하면서 직접 시범을 보여줍니다. 사실 그보다는 더 벌어졌을 것 같은데 속상해하는 엄마를 위해 연기도 할 줄 알아요. 아이의 배려가 감탄스럽습니다.

기록해두지 않으면 금방 잊어버려요. 그 순간에는 참 고맙고 사랑스러운데 그 감정이 참 쉽게 휘발됩니다. 아이가 조금만 힘들게 해도 '애는 도대체 왜 이럴까?' 생각이 들고 아이가 미워져요. 힘든 순간이 더 많을까요? 아니에요. 횟수로 따졌을 때 좋은 순간보다 힘든 순간이 훨씬 적은데 그 순간에 느끼는 감정이 워낙 크기 때문에 영향력이 커요. 감탄의 순간들을 기록하다 보면 아이와 함께하는 지금, 이 순간이 얼마나 소중한지 깨닫게 됩니다. 아이의 말 한 마디가 얼마나 용기 있었는지, 부모에게 얼마나 너그러웠는지 알게 해줘요.

늘 좋은 순간만 있으면 얼마나 편안할까요. '남들도 다 이렇게 힘들게 사는 걸까.' 싶은 순간이 종종 있습니다. 아이와 내가 갈등하는 모습을 CCTV로 촬영해서 누군가 본다고 생각하면 얼굴이 화끈거려요. 〈요즘 육아 금쪽같은 내 새끼〉(채널A, 2020~)를 보면 부모들의 모습에 깜짝깜짝 놀랍니다. 날카로운 말로 아이 마음에 상처를 주고 서늘한 표정으로 아이를 불안하게 만들어요. 남이 그러면 너무 잘 보여요. 심지어 출연자 본인도 영상을 보면서 '내가 저렇게까지 했다고?' 하는 표정으로 민망해합니다. 욱해서 소리치고 화낼 때마다 저와 아이의 행동을 기록해두었어요.

아이는 한동안 무슨 일을 시작할 때 꼭 어깃장을 놓았어요. 제주해 양동물박물관에 갔을 때의 일입니다. 입장하면 간단한 활동지와 돋보기, 연필을 챙겨주세요. 다 하고 관장님께 보여드리면 기념품도 주시고요. 아이는 활동지를 받자마자 "나, 이거 하기 싫어." 합니다. "이거 꼭 해야 하는 거 아니야. 안 해도 괜찮아."라고 말해줬어요. 그리고 그냥 편하게 관람하려고 하는데 저를 졸졸 쫓아다니면서 "이거 안 하고 싶다고. 하기 싫다고." 하는 겁니다. "안 해도 된다고 했잖아. 강요한 적 없잖아." 불쑥 화가 올라왔어요. 뭘 어쩌라는 건지. 제발 해달라고 엄마가 사정해주길 원하는 걸까요?

어느 전시회에 갔을 때는 주차장에 차를 세우고 내리려는데 "꼭 내려야 해?" 하는 겁니다. "아까는 멀미 나서 내리고 싶다고 난리더니 이제는 또 안 내린다고?" 차 밖은 아스팔트가 이글이글 녹아내릴 것 같은 뜨거운 날씨였어요. 차 문을 연 채로 한참을 기다리다 화가 나서 "이렇게 더운데 너 혼자 차에 있을 거야?" 큰소리를 냈습니다. 마지못해 어기적어기적 나와서는 자기가 제일 신나게 전시회를 즐겼어요. 어차피 갈 거면서 왜 이렇게 엄마를 힘들게 하는 걸까요?

저는 이게 다 '아이가 나를 힘들게 하려고 어깃장을 놓는다.'라고만 생각했어요. 그런데 기록하면서 보니 "안 하고 싶었구나." 공감해주지도 않고 "왜 안 하고 싶은 마음이 들었어?" 물어봐 주지도 않았더라고요. 그저 "하기 싫으면 하지 마!" 이렇게 아이의 의견을 따르는 척하면서 표정은 잔뜩 굳어있었겠지요. 기록하지 않으면 저를 돌아보지 못했

을 거예요. '내가 정말 잘못했다. 다음부턴 그러지 말아야지'라고 적어
놓지는 않았어요. 하지만 내 말과 행동을 객관적으로 기록하다 보니 다
음에 비슷한 상황이 생겼을 때 어떻게 행동해야 할지 그 요령을 조금이
나마 알게 되었어요.

툭하면 욱하는 엄마에게
필요한 대화의 기술

길을 걷다 아들을 큰소리로 혼내고 있는 엄마를 보았어요. 고등학생쯤 되어 보이는 아들은 엄마보다 키가 훨씬 컸습니다. 예전에는 그런 광경을 보면 '사람 많은 거리에서 왜 저럴까? 부끄럽지도 않나? 보는 사람도 불편한데.' 하고 생각했어요. 그런데 저도 아이를 키우다 보니 정말 참을 수 없이 화가 나는 순간들이 많이 있었습니다. 그 화를 어쩌지 못하고 아이에게 소리칠 때가 종종 있어요. 이때 주변 사람들의 시선은 신경 쓸 여력이 없습니다.

　대체 그 엄마는 무엇 때문에 그리 화가 났을까 궁금해졌어요. 저도 모르게 귀를 쫑긋 세웠습니다. "네가 하는 말에서 내용이 전부가 아니라고 했지? 네 말투, 표정, 목소리 크기, 뉘앙스까지 다 말이라고 했어?

안 했어?" 결국, 말이 문제였던 겁니다. 부모와 자식은 대단히 큰 문제로 갈등하는 게 아니에요. 말 한마디 때문에 다투고 서로에게 씻을 수 없는 상처를 주기도 합니다. 부모, 자식뿐만 아니라 모든 인간관계가 그래요. 그런데 갈등의 원인도 말에 있지만, 갈등 해결의 키도 바로 말에 있습니다. 대화의 기술만 잘 익힌다면 충돌을 막을 수 있어요.

어떻게 하면 아이에게 올바른 대화의 기술을 가르칠 수 있을까요? 아이와의 대화를 돌아봅니다. "너 그렇게 말하면 상대방이 불쾌하다고 했지?" "여기 오래 있으면 모기 물린다고 했지?" "발 질질 끌면서 걷지 말라고 했지?" 엄마는 항상 잘 가르쳤는데 가르친 대로 안 하냐고 따지는 말들이 많아요. 이런 말로는 아이를 제대로 가르칠 수 없습니다. 저처럼 인내심이 부족한 엄마도 오늘 당장 따라 할 수 있는 아주 간단한 대화의 기술을 알려드릴게요.

말문이 막힐 때는 "음⋯⋯"

가끔 아이의 말에 말문이 턱 막힐 때가 있어요. "엄마, ○○이는 받아쓰기 백점 맞았다고 엄마가 교통카드 충전해줬대. 편의점에서 맛있는 거 사 먹으라고. 나도 백점 맞았는데 뭐 없어?" 이런 말을 듣고 "어머, 그랬구나. 우리 딸은 뭐가 갖고 싶은데?"라고 말해줄 수 있는 엄마는 많지 않을 거예요. "나한테 뭐 맡겨놨어? 시험 잘 보면 네가 좋은 거지. 엄마가 좋은 게 뭐 있다고. 왜 친구 엄마랑 나랑 비교해? 너는 너랑 네 친구랑 비교하면 좋아?" 뭐 이런 공격적인 말들이 튀어나오려고 해요. 정말 짧은 시간에 거의 반사적으로 말입니다.

이럴 때 즉답을 피하세요. 머릿속에 떠오르는 대로 쏟아내면 비난이 되기에 십상입니다. 저는 "음……" 하고 뜸을 들여요. 기막히고 괘씸한 마음도 좀 달래고요. 그러는 동안 아이가 먼저 대답합니다. "아, 백점 맞은 걸로 나 치바바시낭 카드건 사면 되겠다." 사실 그 두 가지는 주말에 사러 가기로 이미 약속한 것이었어요. 그러니까 아이는 처음부터 자신이 애썼으니 뭔가 보상하라는 심보가 아니었던 겁니다. 친구엄마와 비교할 작정은 더욱 아니고요. 그저 친구가 부러운 마음에 별 생각 없이 한 말을 가지고 엄마가 괜히 크게 받아들여요. 즉답을 피하고 뜸을 들이면 나쁜 말들을 예방할 수 있고 아이가 스스로 해결책을 찾습니다.

빠른 인정과 담백한 사과

싸우다 보면 처음에 왜 싸웠는지 기억이 안 날 때가 있어요. 지고 싶지 않으니까 자신의 잘못을 인정하지 않아요. 아이와 받아쓰기 연습을 할 때였어요. 왼손으로 공책을 잡아줘야 하는데 턱을 괴고 있어요. 공책은 흔들리고 글씨 쓰는 손에는 힘이 전혀 들어가 있지 않습니다. '나 지금 이거 하기 싫어요.' 하는 마음을 온몸으로 표현하고 있어요. 그럴 때 부모 속은 뒤틀립니다. 엄마도 시간을 쪼개 봐주는데 아이가 무성의한 태도를 보이면 화가 나요. 잔소리하고 싶은 마음을 애써 눌러가며 차분하게 말했어요. "엄마는 학교에서 받아쓰기 백점 맞은 친구들보다, 정성껏 열심히 하는 친구가 예뻐 보이더라. 점수보다 중요한 건 태도야." "알았어. 지금부터는 바른 태도로 할게." 아이는 싱거울 정도로 빨리 자신의 잘못을 인정하고 사과했어요. 그런데 이게 꽤 기분이 괜찮은 겁니다.

보통은 엄마의 잔소리에 자기변명을 늘어놓습니다. 공격에 방어하기 위해서죠. 아이의 말에 엄마도 방어태세를 갖출 때가 많아요. "엄마 때문에 물 튀어서 나 여기 젖었잖아." 이렇게 엄마를 탓할 때 특히 그렇습니다. '엄마가 엄마 거 하다가 그랬냐? 네 칫솔질 해주다 그런 거 아냐! 젖은 거 티도 안 나는데 그까짓 거도 못 참아줘?' 대단히 견고한 방어의 말들이 기다리고 있지만, 슬쩍 접어둡니다. "미안해. 내일부터는 안 튀게 조심할게." 아이 표정이 밝아져요. 거짓된 사과를 하라는 말이 아닙니다. 아이가 원하는 건 딱 그만큼이에요. 아주 담백한 사과 말입니다.

수다쟁이 여덟 살을 대하는 방법

아이가 쉴 새 없이 말을 쏟아낼 때가 있어요. 귀 기울여 들어봐도 정확히 뭘 말하고 싶어 하는지 모르겠습니다. 엄마와 대화를 주고받는다기보다 혼자 계속 떠들고 있어요. 마음을 다해 들어주고 싶지만, 엄마의 집중력은 금방 바닥납니다. 엄마도 해결해야 할 일이 많은데 아이가 엄마를 붙잡고 늘어지면 피로감이 몰려와요. "인제 그만 그 입 좀 다물라." 하고 싶어요. 그렇다고 엄마는 엄마 일을 하면서 건성으로 대답해주면 아이가 금방 눈치채고 "엄마, 내 얘기 듣고 있어? 엄마, 내 얘기 좀 끝까지 들어보라고." 하면서 짜증을 냅니다.

사실 아이가 엄마에게 바라는 건 거창한 반응이 아니에요. 엄마의 관심입니다. 이럴 때 저는 하던 일을 멈추고 아이 눈높이에 제 눈을 맞추고 앉아요. 그리고 아이를 으스러지도록 안아줍니다. 다른 말은 필요 없어요. 그저 안아줍니다. 아이는 "아휴, 난 엄마한테 하고 싶은 말이 왜 이렇게 많을까?" 하며 웃습니다. 그 말은 사실 '아휴, 난 엄마가 왜 이렇게 좋을까?'라는 뜻입니다.

최대한 짧게 말하기

아이에게 말할 때 왜 자꾸 말이 길어지는지 모르겠어요. 조목조목 원인과 결과를 따져서 아이에게 가르쳐주고 싶은 게 많아요. 그런데 아이는 엄마가 하는 말을 다 듣고 있지 않습니다. 듣고 싶은 것만 들어요. 그러니 부모로서는 "엄마가 분명히 말했지?"라고 말할 때가 많은 겁니다. 엄마는 말했지만 아이는 들은 적이 없어요.

아이가 어떤 음식을 앞에 놓고 먹어보지도 않고 싫다고 할 때가 있어요. 아이 앞에서 최대한 맛있게 먹는 모습을 보여주고 아이를 기다려줍니다. 아이는 선심 쓰듯 한 입 베어 물어요. 그러고는 아주 맛있게 먹습니다. 이럴 때 우리는 꼭 이렇게 말하고 싶어요. "그러길래 왜 먹어보지도 않고 싫다고 해. 엄마가 다 맛있으니까 추천하는 거지. 너한테 안좋은 거 먹으라고 했겠어?" 말이 너무 길어요. 그냥 "잘했어." 해주면 됩니다. 어떤 상황에서도 잊지 말아야 할 규칙 '최대한 짧게' 말하는 것입니다.

'왜 이렇게 말이 안 통할까?' 답답하고 속상한 적 많으시죠? 여덟 살은 원래 그래요. 이성의 뇌가 완성된 남편과는 항상 말이 잘 통하나요?

아닙니다. 남과 대화하는 건 원래 어려워요. 처음부터 내 아이에게 존중과 배려의 말만 해야지 하면 엄마가 금방 지칩니다. 비교, 비난, 무시, 협박 등 나쁜 것만 안 해도 반은 성공이에요. 아이 마음에 상처 주지 않는 나만의 대화기술을 마련해보세요.

완벽한 아이를
원하시나요?

"아니, 그게 아니라 (엉엉) 엄마는 왜 내 말을 끝까지 안 들어줘. (엉엉)"
그냥 말해도 충분히 알아들을 텐데 울면서 말합니다.

"엄마, 근데 있잖아. 내가 있잖아. 그때 우리 있잖아. 산에 갔을 때
스탬프 찾았었잖아. 어떤 사람이 내가 스탬프 잘 찾는다고 막 칭찬했었
잖아. 우리 선물로 연필도 받았잖아. 아, 맞다! 그 연필 어디 갔지? 엄마
그 연필 무슨 색깔이었는지 기억나?"

옆에 있는 사람을 의식해서 말합니다. 그 사람이 중간에 끼어들 수
없도록 숨도 안 쉬고 말합니다. 두서없이 말합니다.

"싫어. 나, 이거 안 하고 싶어. 안 하고 싶은 내 마음도 중요한 거잖
아. 억지로 시키지 마."

안 해도 된다고 미리 말해줬어요. 억지로 시킨 적도 없습니다. 안 한다기에 그저 조용히 정리해주었는데 이번엔 또 하겠다고 다시 내놓으라고 합니다. 어차피 할 거였으면 처음부터 기분 좋게 하면 안 되는 걸까요? 꼭 이렇게 변덕을 부려야 직성이 풀리는 걸까요?

아이는 오늘도 문제행동을 합니다. 딱 그 상황에서 꼭 그렇게 할 것 같았는데 어김없이 그렇게 합니다. 예상을 빗나가지 않는 아이의 행동에 지친 엄마는 이런 생각이 들어요. '또 시작이다. 왜 저래 진짜.' 어른의 논리로는 절대 이해할 수 없는 행동만 골라서 하는 것처럼 보이거든요. '도대체 누굴 닮아서 저래. 난 옛날에 안 그랬는데.' 부모의 어린 시절 모습과 비교하며 아이의 행동을 문제라고 낙인찍어요. '밖에서도 저러면 미움 받을 텐데. 정말 큰 일이다.' 아직 일어나지도 않은 일을 미리 앞당겨 걱정합니다.

아이는 대체 왜 이럴까요? 엄마의 반응이 원인일 수 있습니다. 아이가 울면서 말할 때 "우는 소리 듣기 싫다고 했지? 울면서 말하면 엄마가 못 알아듣는다고 했지? 운다고 달라지는 거 아무것도 없다고 했지?" 엄마가 '문제행동'이라고 낙인찍은 울음에만 초점이 맞춰지니 정작 아이가 원하는 게 무엇인지 파악하지 못하고 둘 다 감정만 상합니다. 나중에 마음이 조금 진정되고 나서 "아까 왜 그렇게 운 거야?" 물어보면 "엄마한테 혼나서 울었잖아." 이렇게 엉뚱한 소리를 합니다. 울어서 혼냈는데 혼나서 울었다고 말합니다.

평소 엄마가 하는 행동을 모방했을 수도 있어요. 아이가 언제부턴가 대화 도중에 한숨을 쉬는 겁니다. 한번은 미술학원에 가서 교육상담을 받는데 선생님 말씀에 아이가 갑자기 한숨을 쉬어서 얼마나 화끈거렸는지 몰라요. 그런데 곰곰이 생각해보니 그건 저의 대화 습관이었습니다. 아이가 억지를 부리거나 계속 말을 바꿀 때 저는 입술을 깨물며 심호흡을 했어요. 나름 화를 참고 아이에게 소리 지르지 않으려는 방법이었는데 그걸 똑같이 하는 아이를 보면서 다시는 그러지 말아야겠다고 생각했어요. 상대방을 앞에 두고 입술을 깨물며 심호흡을 하는 건 화를 참는 게 아니라 화를 드러내는 것이었더라고요.

엄마의 반응이 문제다, 엄마의 행동을 모방했다, 결국 또 엄마 잘못인가요? 제 경험에 비추어볼 때 대부분은 제 잘못이었어요. 원인은 저한테 있었죠. 하지만 원인을 알면서도 저를 바꾸지 못했어요. 아이가 울면서 말하면 제발 울지 말고 또박또박 말하라고 다그쳤고, 시작부터 어깃장을 놓으면 '저러다 또 한다고 하겠지. 변덕 부리는 게 어디 하루 이틀인가.' 하며 어김없이 입술을 깨물었어요. 어른인 저도 제 문제행동을 못 고쳤어요.

중요한 건 아이가 문제행동을 통해서 엄마에게 전하려는 메시지를 파악하는 겁니다. 억울함인지, 관심받고 싶어서인지, 몸이 힘들어서 짜증이 난 건지, 하고는 싶지만 용기가 안 나는 것인지 알아야 해요. 아이가 자신의 마음을 정확하게 말로 표현하면 좋겠지만 그게 어디 쉬운가요? "엄마, 저 지금 엄마의 관심이 필요해요. 저 사람 말고 내 얘기에 귀 기울여주세요. 저 사람 보지 말고 나만 봐주세요." 이렇게 말하는 아이는 없습니다.

기본적으로 이런 태도가 필요해요. '애들은 다 그래.' 다른 집 애들은 별문제 없는 것 같은데 우리 애만 자꾸 이상한 행동을 하는 것 같잖아요. 그래서 불안하고 부끄럽고요. 아닙니다. 애들은 다 그래요. 수년간 초등교사로 살면서 아이들을 관찰해보니 그 유형과 횟수가 다를 뿐입니다. 어떤 아이는 말이 많고 어떤 아이는 말이 없습니다. 어떤 아이는 행동이 빠르고 어떤 아이는 행동이 느려요. 그건 그저 아이의 특징인데 부모는 이걸 '문제'로 받아들이는 겁니다.

'그러다가 또 만다.' 영원한 문제행동은 없습니다. 어떤 특별한 계기를 통해서든 점진적으로 나아지든 결국 아이는 성숙해져요. 이제 막 바람직한 태도와 사회적 기술을 배우기 시작한 1학년이잖아요. 주변에 고학년 학부모가 있다면 만나서 이야기 나눠보세요. 우리 아이를 그 집에 데려가 함께 놀면서 문제라고 생각되는 행동을 털어놓아 보세요. 더없이 인자한 표정으로 "애들이 다 그렇지 뭐. 그러다가 또 말아."라고 말할 거예요. 다 겪어본 일이고 그 또한 지나간다는 사실을 알기에 편안해 보입니다. 우리도 그렇잖아요. 걸음마가 남들보다 늦다고, 기저귀 떼기가 늦어진다고 전전긍긍하는 아기엄마들을 보면 "때 되면 다 한다. 걱정하지 마라." 하고 싶잖아요.

《내 아이를 위한 감정코칭》(최성애, 한국경제신문, 2011)에 보면 전두엽 이야기가 나옵니다. 계획, 판단, 우선순위, 감정 조절, 충동 조절 기능을 하는 전두엽이 완전히 성숙하려면 27~28세는 되어야 한다고 해요. 여덟 살 아이를 앉혀 놓고 부모 수준에서 자꾸 따지고 얘기해봐야 관계만 틀어집니다. 옳고 그름을 분명히 가르치되 부모가 좀 넉넉한 품으로 기다려야 합니다.

그래도 고민이라면 담임선생님을 적극적으로 활용해보세요. 우리 아이의 문제행동에 대해 부모만큼 잘 알고 교정하려고 노력하는 사람이 누구일까요? 바로 학교에서 매일 우리 아이를 관찰하는 선생님입니다. 아이에게 미치는 영향력 또한 상당하죠. 학년이 어릴수록 아이들은 담임선생님을 조건 없이 잘 따릅니다. 아이가 학교에서 에너지 절약을 공부하더니 하루 종일 저를 쫓아다니면서 잔소리를 합니다. "엄마, 불을 바로바로 꺼야지! 엄마, 비누칠할 때 이렇게 물을 틀어놓으면 어떡해!"

저는 아이가 집에 돌아와서 선생님께 혼났다는 얘기를 하면 일단은 "속상했겠다." 하고 아이 마음을 위로해줘요. 그리고 "선생님이 우리 딸을 정말 사랑하시나 보다. 우리 딸이 더 성숙해져서 인기짱 되게 해주려고 그러셨나 봐." 반면에 친구가 선생님께 혼났다는 얘기를 하면 조금 다르게 말해줍니다. "어머! 어머! 선생님이랑 엄마랑 똑같다! 선생님 말씀이 맞지! 엄마도 누가 그런 행동 하면 진짜 무섭게 혼내는데! 선생님이랑 엄마랑 닮았네."라며 선생님을 지지해줍니다. "어머, 걔는 왜 그랬대." 하고 아이의 친구를 비난하라는 말이 아닙니다. 선생님의 훈육에 엄마가 힘을 실어주면 아이는 다음에도 유심히 관찰하고 점점 긍정적 행동과 부정적 행동을 구분하는 눈이 생깁니다.

주변을 둘러보세요. 문제없는 어른이 있나요? 누구는 감정 기복이 심하고, 누구는 낯선 자리를 어려워하고, 누구는 작은 일에도 쉽게 언성을 높여요. 우리가 원하는 건 행복한 아이지 문제없는 아이, 완벽한 아이가 아닙니다. 아이의 모든 문제행동을 내가 다 교정해주려는 것은 어쩌면 욕심이에요. 가끔은 시간의 힘에 기대기도 하고 선생님의 힘도 빌려보세요. 문제인 걸 알면서도 바꾸기 어려운 게 사람입니다. 아이도, 어른도요.

잠자리대화가
중요한 이유

자려고 누워서 불을 끈다고 바로 잠이 드는 게 아니잖아요. 가끔 책을 읽다가 스르르 잠이 드는 날도 있긴 하지만 그런 달콤한 날은 일 년에 몇 번 없습니다. 저는 잠들기 직전 아이와 나누는 대화를 중요하게 생각했고, 그 결과 여러 가지 효과를 보았어요.

잠자리대화는 왜 중요할까요? 오롯이 대화 자체에만 집중할 수 있기 때문입니다. 낮 동안 엄마는 늘 바쁩니다. 싱크대 앞에 서 있거나 아이를 채근해 학교나 학원으로 이동 중이에요. 아이의 말을 귀담아들을 준비가 되어 있지 않습니다. 그런데 아이는 꼭 이때 말을 많이 해요. 엄마는 건성으로 들을 수밖에 없습니다. 하지만 잠자리에서는 엄마가 다른 일을 할 수 없어요. 비록 머릿속으로는 남은 집안일과 아이 재우고 마실 맥주 한 잔이 떠오르겠지만 입과 귀는 온전히 아이에게 내어줄 수 있습니다. 그리고 불을 끄면 서로의 표정이 안 보여요. 얼굴을 마주보고 하는 대화는 때때로 상대방의 표정 때문에 오해가 생기는 경우가 있는데 잠자리대화는 그 내용에만 몰입할 수 있는 겁니다.

잠자리대화를 시작하기 전, 필수 준비물이 있습니다. 바로 체력이에요. 눕기 직전까지 노동을 거듭하다 혹은 아이와 씨름하다 진을 빼면 안 됩니다. 대화는커녕 아이보다 엄마가 먼저 잠들 수 있어요. 오늘 안 해도 큰일 나지 않는 노동은 내일로 좀 미뤄두면 어떨까요? 아이와 감정이 격한 상태에서는 잔소리와 말대꾸가 끊이지 않습니다. 엄마가 하고 싶은 말의 1/10만 한다 생각하고 짧게 끝내면 갈등을 막을 수 있어요.

제가 잠자리대화에서 가장 많이 한 것은 그날 하루 아이에게 고마웠던 일 세 가지 말하기였습니다. 저녁에 이것을 말해주기 위해 낮 동안 아이를 자세히 관찰해야 했어요. 작은 선행이나 예쁜 말 한마디도 놓치지 않고 기억해두려고 애썼습니다. 제 아이가 정말 잘해서가 아니라 제가 아이를 예쁜 눈으로 바라보니 예쁜 짓이 눈에 들어왔습니다. 아이는 이 시간을 정말 좋아했어요. 한 가지를 말해주면 "또? 또?" 하며 다음을 기대했습니다. 제 이야기를 들으면서 아이는 '나는 고마운 사람이구나.', '가치 있는 존재구나.' 생각했던 것 같아요. 이게 바로 자존감을 기르는 교육 아닐까요.

아이와 제주 한 달 살이를 할 때는 색다른 방법으로 이 대화를 실천했어요. 엄마가 아닌 이종사촌 언니랑 자겠다는 날도 많았고 낮 동안 너무 신나게 놀아서 아이도 저도 잠자리대화를 할 체력이 남아 있지 않앉거든요. 그래서 포스트잇을 활용했습니다. 일과를 마치면 식탁에 둘러앉아 엄마는 아이에게, 아이는 엄마에게 그날 하루 고마웠던 일 세 가지를 썼어요. 언니도, 조카들도 적극적으로 참여했습니다. 그리고 우리는 그 포스트잇을 어디에 모아둘까 하다가 숙소 텔레비전에 붙여 두었어요. 공개적인 장소에 붙여놓으니 왔다 갔다 하면서 다른 사람 것도 읽어보고, 텔레비전도 안 보고 일거양득이었습니다.

딸아이는 집에 와서 학교 이야기를 잘 하지 않았어요. 다른 집 딸들은 엄마한테 종알종알 아침 등교부터 하교할 때까지 있었던 일들을 다 얘기해준다는데 우리 아이는 왜 그럴까? 궁금했습니다. 학교에서 잘 지내고 있는지 알 길이 없어 답답했어요. "오늘 학교 어땠어?" 하고 물으면 "재밌었어." 대답하고 끝입니다. 저도 대화의 기술이 많이 부족했어요. 그런데 잠자리에서 고마운 일 세 가지를 말하다 보면 아이 입에서 학교 이야기가 술술 나왔어요. "아까 ○○이랑 사이좋게 노는 모습 정말 예쁘더라. 고마워."하면 ○○이가 왜 좋은지부터 시작해서 오늘 학교에서 ○○이랑 뭘 했는지, ○○이가 누구랑 사이가 좋고 나쁜지까지 이야기가 끝도 없이 이어졌어요. "오늘 방과 후 줄넘기 오랜만에 가서 힘들었지? 그래도 웃으면서 나오고, 재밌었다고 말해줘서 대견했어. 고마워." 하면 방과후학교에서 누가 어떤 행동을 해서 선생님께 혼났고, 2학년 언니가 자기한테 어떤 말을 해서 기분이 나빴고, 오늘 어떤 동작을 처음 배웠는데 참 어려웠고 등 고구마줄기처럼 이야기가 주렁주렁 딸려 나왔어요.

학교 이야기를 하다 보면 아이가 학교에서 어떤 행동을 했고 선생님이나 친구에게 어떤 감정을 품고 있는지를 알게 됩니다. 그 행동이나 감정에는 긍정적인 것만 있는 게 아니라 부정적인 것도 많아요. 그러다 보면 자연스레 훈계하게 됩니다. "선생님께 항상 먼저 인사드리고, 예의 바른 말투를 써야 한다." "네 생각을 친구한테 강요하면 안 돼. 친구 입장에서도 한 번 생각해봐야지." 잠자리대화에서는 가르침보다는 공감이 우선돼야 해요. "엄마가 너였어도 정말 억울했겠다.", "엄마도 전에 친구가 그랬던 적 있어. 그때 정말 화가 나더라."는 말로 '너만 그런 게 아니다'라는 생각을 심어줘야 합니다. 엄마의 적극적인 공감을 받으면 아이는 오늘 하루도 참 괜찮았다고 느끼고 더 괜찮은 내일을 고대하며 잠들어요.

공감만 중요하고 가르침은 내일로 미룰까요? 아닙니다. 아이가 꼭 배워야 할 것은 엄마가 분명하게 알려줘야 해요. 저는 이때 남의 목소리를 빌립니다. "친구들한테 항상 친절하고 고운 말을 써야 해."라고 말하는 것이 아니라, "엄마가 오늘 책에서 읽었는데 인기 많은 친구가 되는 세 가지 비결이 있대."라고 말합니다. 그럼 아이는 그 비결이 대체 뭘까 궁금해하더라고요. 그럼 좀 뜸을 들이다가 말합니다. "바로 친절한 행동, 고운 말투, 그리고 잘 나눠주는 거야." 경험담으로 생생함을 더해요. "엄마 학교에 ○○○이라는 언니가 있었거든. 그 언니가 친구들한테 엄청 인기가 많았어. 대체 왜 그렇게 인기가 많은가 살펴봤더니……."

잠자리대화에서 사랑표현도 참 많이 했어요. 제가 "너는 정말 사랑스럽고 예쁘고 귀엽고 반짝반짝 빛나." 하니 "엄마는 밤하늘의 별똥별

보다도 더 빛나." 합니다. 어느 날은 책을 읽다가 아이가 짜증을 부려서 읽던 책을 중간에 덮고 불을 껐어요. 아이의 짜증에 지친 저는 기분이 좋지 않았고 잠자리대화고 뭐고 얼른 아이가 잠들었으면 했죠. 그런데 아이가 먼저 "엄마, 미안해. 우리 안고 자자. 엄마 안으면 내 마음이 좋아져." 아이도 이미 알고 있었던 겁니다. 본인이 짜증을 부려 엄마를 힘들게 했다는 사실을요. 어디 가서 이런 달콤한 고백을 들어보겠나 싶어 아이를 있는 힘껏 안아주었습니다.

주말에는 특별한 곳으로 나들이 가는 경우가 많아서 그 시간을 회상하는 대화를 많이 했어요. "오늘 엄마 아빠랑 바라산 다녀왔잖아. 우리 제일 좋았던 거 세 가지씩만 말해보자." 처음에는 제가 먼저 세 가지를 말했어요. 그럼 아이는 제 이야기를 따라 말하기도 하고, 장소 자체보다는 "엄마랑 손잡고 걸어서 좋았다." "엄마가 칭찬해줘서 좋았다." 등 엄마와 관련된 말을 많이 했습니다. 시간이 지나고 대화 경험이 쌓이자 "오늘은 내가 먼저 말할래."라며 적극적으로 대화에 참여하고, 다음엔 어디에 가고 싶다며 주도적으로 여행을 계획했어요.

잠자리대화를 추천하고 싶은 가장 큰 이유는 바로 진심 어린 사과의 시간이 되기 때문입니다. 저는 사과를 참 잘하는 편이에요. '어른이 아이에게' 사과를 하면 그 힘이 얼마나 큰지 경험으로 알아요. 학교에서 아이들에게 "오늘 꼭 운동장 체육을 하려고 했는데 갑자기 특별교육이 잡혔지 뭐야. 너희들 기대 많이 했을 텐데 정말 미안해." "아까 ○○도 많이 놀랐을 텐데 선생님이 너무 다그쳐서 힘들었지? △△가 다친 줄 알고 선생님 마음이 너무 급했던 것 같아. ○○ 마음을 헤아려주지 못해서 정말 미안해." 어른의 사과를 받은 아이들은 참 쉽게 용서해줍니다. 뒤끝 있는 어른들과는 다르죠. 낮 동안 아이에게 소리치고 화냈던 순간, 비난하고 외면했던 순간을 사과해요. 이렇게 그날그날 사과하면 아이 마음에 상처도 치유되고, 엄마의 죄책감도 덜 수 있습니다.

어릴 때의 잠자리대화가 아이에게 분명 좋은 기억으로 남을 것이라 믿어요. 아이가 잠자리 독립을 하기 전에, 휴대전화를 손에 쥐고 잠드는 나이가 되기 전에 잠자리대화를 시도해보세요.

3월, 우리 아이는 학교에
잘 적응하고 있을까요?

아이의 기질에 따라 다르겠지만 대부분 아이는 초등학교 입학에 대한
기대감이 상당합니다. 저희 아이도 그랬어요.

"엄마, 나 이제 초등부니까 발레학원에서 동생들 많이 도와줄 거
야."

"엄마, 나 이제 초등부니까 책상 정리는 내가 스스로 할 거야."

마치 '이제 나의 지위와 자격이 바뀌니까 그에 걸맞은 행동을 할 것
이다.' 포부를 밝히듯 초등부에 큰 의미를 부여했습니다.

입학을 앞두고 담임선생님의 안내에 따라 기본 학습 준비물을 챙겼
어요. 어떤 것은 개인이 준비하고 어떤 것은 학교에서 마련해주는지 빤
히 아는 저도 첫 안내장을 받으니 긴장되었습니다. 아이와 함께 읽어보

며 꼼꼼히 챙기고 집에 없는 것을 사기 위해 문구점에 갔어요. 유치원에서는 선생님들이 하나하나 챙겨주시지만, 상대적으로 학생수가 많은 학교에서는 아이가 직접 자기 물건을 챙겨야 합니다. 자신이 직접 학용품을 고르면 애착을 갖고 잘 챙길 것 같아서 아이와 함께 문구점에 갔어요. 가는 길에 '시장에 가면' 노래를 불렀습니다.

"사물함을 열면, 사물함을 열면, 물티슈도 있고 가위도 있고 풀도 있고 테이프도 있지." "서랍을 보면, 서랍을 보면, 색연필도 있고 사인펜도 있고 종합장도 있지."

사물함에 둘 것과 서랍에 둘 것을 구분하여 잘 챙기길 바라는 마음으로 그 노래를 가르쳐주었습니다. 아이는 그때 '시장에 가면' 노래를 처음 배웠는데 어찌나 잘 따라 하던지 놀랐던 기억이 납니다. 아마도 머릿속에서 학교의 모습을 상상하느라 즐거워 더 그랬던 것 같아요.

드디어 입학식 날 아침, 아이는 두 손을 가슴 위에 얹고 설렌다는 말을 참 많이도 쏟아냅니다. 설렘과 기대, 학교에 대한 아이의 긍정적 정서를 오래도록 지켜주고 싶었어요. 학교는 지루하고 힘든 곳이 아니라 새롭고 즐거운 곳이라는 인식, 학년이 바뀌고 선생님과 친구들이 바뀌어도 유지될 수 있을까요? 가정에서 부모가 변함없이 지지해주고 아이가 보내는 신호를 제대로 알아채면 가능합니다.

3월에는 긍정적인 신호를 많이 보냅니다. 일단 아이들도 긴장하면서 서로를 파악하는 단계라 상대방에게 함부로 대하지 않아요. 딸아이는 학교 끝나고 교문을 나설 때마다 친구 손을 꼭 잡고 나왔어요. 어제와 같은 친구이기도 했고 다른 친구이기도 했습니다. 작고 여린 두 아이가 나란히 손을 잡고 발걸음도 가볍게 걸어가는 뒷모습을 보면 세상 모든 게 다 아름다워 보였어요. '아, 우리 아이가 학교 가서 친구도 잘 사귀고 적응도 잘하고 있구나.' 하며 안심되었습니다.

어느 날은 "엄마, 나 오늘 친구들 한가득 사귀었다."라며 반 친구들 이름을 모두 읊어댔습니다. 학교에 간 지 며칠 되지도 않았는데 친구들 이름을 모두 외우는 걸 보면 아이의 온 신경이 친구들에게 쏠려 있음을 알 수 있어요. 또 어느 날은 "엄마, 나 오늘 선생님 사로잡았다."라며 자신만만한 표정을 지었습니다. 아이의 천진함에 감탄하며 그 비결을 물었더니 "이렇게 엄청 반듯하게 앉고, 엄청 예의 바르게 행동했어."라고 말합니다. '사로잡는다'는 표현은 아마도 그림책 ≪두근두근 1학년 선생님 사로잡기≫(송언, 사계절, 2014)의 영향이었던 것 같아요.

진짜 중요한 시기는 3월 말에서 4월 초입니다. 긴장이 풀리면서 아이들이 하나둘 아프기 시작합니다. 아침에 못 일어나는 아이도 있고 갑자기 코피를 쏟거나 배가 아프다고 해요. 친구들끼리도 장난이 심해지면서 크고 작은 다툼이 벌어집니다. "○○는 정말 이상해." "□□랑 이제 안 놀 거야."라며 집에 와서 짜증을 내는 경우가 늘어나요.

저희 아이는 이 무렵 조퇴를 자주 했어요. 하루는 목이 아프다며 일찍 집에 왔습니다. 두통, 인후통 같은 코로나 의심 증상을 보이면 바로 조퇴 조치를 해야 하는 시기였어요. 저도 처음에는 놀라 달려가서 아이를 데려왔지요. 집에 오자마자 언제 아팠냐는 듯 피아노 치고 노래하고 놀았습니다. 그런데 다음날 이번에는 머리가 아프다며 조퇴를 했어요. 전날 집에 와서 엄마랑 같이 놀았던 게 너무 좋았던 겁니다. 학교와 달리 집은 편안하지요. 시간에 맞춰 움직일 필요도 없고, 딱딱한 의자에 앉아있을 필요도 없고요.

그러니까 환경이 갑자기 변하는 3월 초보다 오히려 시간이 어느 정도 지나고 나서 아이들은 부정적 신호를 보내기 시작합니다. 부모도 '잘 적응했나 보다' 하고 긴장의 끈을 놓치는 시기이므로 이때 아이들을 잘 살펴야 해요. 학교 이외의 환경 즉 학원이나 주 양육자가 이 시기에 바뀌지 않도록 하고 주말에는 가족과 많은 시간을 보내면서 아이에게 정서적 응원을 해줘야 합니다. "요즘 학교는 어때? 힘든 일은 없어?"라고 물어도 여덟 살 아이들은 구체적으로 대답하지 못해요. '네가 학교에서 힘들어도 너를 품어줄 따뜻한 가족이 있다.'라는 메시지를 보내는 게 중요합니다.

종종종 걸음마를 시작한 아이의 뒤를 따라가며 행여나 넘어질까 걱정하던 때를 떠올리면 여덟 살 아이는 다 큰 것 같아요. 그런데 무릎을 땅에 대고 아이의 어깨를 잡아보세요. 정말 작습니다. 두 손으로 어깨를 잡은 채 귀를 아이 가슴에 대어보세요. 쿵쿵쿵 심장 뛰는 소리를 들으면 아이가 배 속에 있을 때 처음으로 심장 소리를 듣던 그 날이 생각나요. 몸도 작고 마음도 여립니다. 아직 부모의 도움이 더 많이 필요해요.

'여덟 살인데 그것도 못 해?' 하는 마음이 날카로운 말이 되어 아이에게 꽂힙니다. 유치원 때는 선생님도, 엄마도 하나하나 다 챙겨줬었는데 선생님은 늘 바빠 보이고 엄마는 갑자기 "네가 알아서 해." 하면 아이가 당황합니다. 점진적으로 아이에게 주도권을 넘겨줘야 합니다.

아이를 피아노학원에 데려다주는데 아이가 대뜸 "엄마, 내 피아노

위에 있던 반주책 챙겼어?"라고 합니다. "네 책은 네가 챙겨야지 그걸 왜 엄마한테 물어."라는 말이 목 끝까지 차오르지만 삼킵니다. 그 말을 뱉는 순간 아이는 짜증을 낼 테고 저는 그 짜증을 받아주다 결국 혼낼 테고 아이는 울면서 피아노학원에 들어갈 게 뻔했으니까요. 대신 구체적인 대안을 제시했습니다.

"오늘 반주책이 없어서 불편하겠다. 다음부터는 이렇게 해보자. 1번, 네가 미리 피아노 가방에 넣어둔다. 2번, 챙겨야 할 책 제목을 포스트 잇에 써서 붙여두면 엄마가 챙겨준다. 둘 중에 네가 편한 걸로 골라."

평소라면 한참 불퉁거렸을 상황인데 이렇게 말해주니 아주 담백하게 알겠다고 하고 기분 좋게 인사하고 들어갔어요. 아이를 먼저 들여보내고 반주책을 챙겨서 갖다 줘도 되지만 그렇게 하지는 않았습니다. 아이는 피아노학원에서 돌아오자마자 포스트잇에 '월수금 피아노, 항상 이걸로 챙겨주세요. 챙기면 네모칸에 체크하세요. 레슨⑤, 테크닉⑤, 반주①'이라고 써서 냉장고에 붙여놓더라고요. 체크박스는 생각도 못 했는데 엄마의 의견에 자신의 아이디어를 더한 겁니다. 처음부터 잘하는 아이는 없습니다. 무조건 기대하기보다 구체적인 방법을 안내하고 지속해서 응원해주세요.

공감, 어렵지만 가장 중요합니다

출근길 차 안에서 울어본 적 있으세요? 아침마다 좁은 집 안에서도 종종종 뛰어다니고 "빨리빨리"를 열두 번쯤 외칩니다. 아이를 유치원에 밀어 넣고 나서 차까지 오는 데는 두 팔을 휘저으며 달려도 모자랍니다. 이 정도는 그냥 일상이라 울지 않고 견뎌요. 어느 날 운전대를 잡고 고래고래 소리를 지르며 울었어요(정말 위험합니다. 절대 따라 하지 마세요).

"대체 뭘 어떻게 해야 하냐고! 이보다 어떻게 더 잘하냐고! 내가 네 감정 쓰레기통이냐고! 엄마도 힘들다고!"

제가 아이의 감정에 너무 휘둘린다고 생각했어요. 아이가 짜증을 내면 저도 짜증이 나고 아이의 울음이 감당이 안 돼서 괴로웠습니다. 그날 집에 와서 냉장고에 붙어있던 포스트잇 한 장을 떼버렸어요. 거기에는 굵은 매직으로 '공감&경청'이라고 쓰여 있었습니다. 그걸 붙일 때는 '이것만 잘해도 나는 정말 좋은 엄마다'라고 생각했어요. 그런데 공감도, 경청도 얼마나 어려운지요. 남편에게 힘든 일을 얘기하면 멀뚱멀뚱 듣고만 있어요. "그랬구나" 한마디를 못 해주는 남편을 보며 다음 생에는 반드시 다정한 남자랑 결혼하리라 다짐을 합니다. 남편의 무심함을 원망하면서 저 또한 아이에게 차가운 엄마였더라고요.

"엄마, ○○이가 계속 귀신 얘기해. 내가 싫다고 몇 번이나 말했는데도 나만 보면 귀신 얘기해서 너무 싫어."

이럴 때 "그랬구나" 그 쉬운 말이 입 밖으로 안 나옵니다.

'그래서 나더러 뭘 어쩌라고? ○○이한테 말해달라는 거야?'

'그깟 일로 너무 싫으면 세상에 너무 싫은 일 천지지.'

속으론 그런 생각을 하며 얼굴을 구기고 있어요. 엄마가 공감을 안 해주니까 아이는 자꾸 말을 보탭니다. 그러니 경청은 더 어려워요. 엄마 머릿속에는 계속 다음 할 일이 떠오르는데 아이 말은 안 끝납니다. 눈 맞추며 들어줄 여유가 없어요. 노란 포스트잇 위의 단정한 '공감&경청'이 나를 비웃는 것 같아요. 아는 것과 행하는 것이 다른 저 자신이 못마땅해서 결국 떼어버렸습니다.

그런데 아이가 진짜 원하는 건 엄마의 어떤 행위나 문제해결이 아니라 공감이 맞더라고요. 밖에서 저녁을 먹고 집으로 돌아오는 길이었어요. 아이가 집에 가면 아이클레이를 하자고 말합니다. 시원스레 그러자고 대답을 못 했어요. 오늘 해야 할 일들이 머릿속에 떠오르는데 도지히 아이클레이 할 시간은 안 나왔거든요. 집에 오자마자 수첩에 자기 전까지 해야 할 일들을 적었습니다. 그때 학원에서 따로 준비하는 것도 있고, 학교 숙제도 있고, 집에서 하는 우리 둘의 루틴까지 더해지니 예닐곱 개가 되었어요. 그래도 제가 마지막 줄에 '아이클레이'라고 쓰자 갑자기 아이 얼굴이 환해집니다.

"(아이클레이를 가리키며) 엄마, 여기다 '시간 되면'이라고 적어. (숙제를 가리키며) 여기다는 '꼭'이라고 적고."

아이도 일의 우선순위를 다 알고 있었던 겁니다. 결국, 다른 일을 하다가 잘 시간이 되어 아이클레이는 못 했어요. 아이는 조금도 서운해하지 않았습니다. 아이가 원한 건 아이클레이를 못 해도 그걸 하고 싶었던 자신의 마음을 엄마가 알아주는 거예요.

이런 경험은 학교에서도 자주 합니다. 축구를 좋아하는 6학년 남자 아이가 있었어요. 축구 이야기를 할 때마다 눈이 반짝거리고, 점심시간이면 축구를 조금이라도 더 하려고 밥을 1등으로 먹었습니다. 체육시간을 가장 좋아했고 체육시간만 되면 날아다녔어요. 그런데 외부 강사를 초청한 양성평등교육으로 체육수업을 못 하게 되었다는 소식을 전하자 순식간에 아이 얼굴이 붉으락푸르락 달아오릅니다. 다짜고짜 큰소리로 말해요.

"그 선생님께 물어내라고 해요!"

아이의 분노와 무례한 태도에 저도 감정이 끓어오릅니다.

'물어내긴 뭘 물어내! 내가 정한 것도 아니고 학교에서 정한 일정인데 나더러 뭘 어떡하라고! 그리고 언제 체육수업 완전히 취소한다고 했어? 시간표 변경해서 오늘 아니고 나중에 한다고!'

하마터면 쏟아낼 뻔했어요. 다행히 집에서와는 다르게 학교에서는 감정 조절을 잘하는 편이라 그 말들을 다 삼켰어요. 쉬는 시간에 따로 불러서 물었습니다.

"○○아, 오늘 갑자기 체육을 못 하게 되어서 많이 속상했어?"

이 한마디에 아이가 왈칵 눈물을 쏟아요. 지금도 그 장면을 생각하면 명치끝이 간질간질해요. 그 큰아이를 꼬옥 안아주고 싶었습니다. 아이가 진짜 원한 건 체육시간을 물어내는 게 아니라 자신의 속상함을 알아주는 따뜻한 말 한마디였던 거예요.

공감을 잘하려면 우선 아이의 마음을 잘 알아야 해요. 아이의 감정은 정말 다양합니다. 하지만 부모는 아이의 행동을 보고 몇 가지로 범주화해서 감정을 판단해버려요. 예를 들면 징징대며 말하는 것을 보고 '또 짜증 났구나' 하는 겁니다. 사실은 짜증이 아니라 억울함일 수도 혹은 불편함, 지루함, 혼란스러움, 서러움일 수도 있거든요.

아이의 다양한 감정을 이해하기 위해 감정카드를 구입했어요. 쉰다섯 가지 감정이 있더라고요. 사실 처음부터 이 감정카드를 잘 활용했던 것은 아닙니다. 아이의 감정을 받아주기 유난히 힘들었던 어느 날, 주문하기는 했는데 며칠을 식탁 위에 내버려 뒀어요.

아이가 학교에서 받아쓰기 시험을 보고 틀린 것을 세 번씩 쓰던 날이었습니다. 다 쓰고는 저한테 잘 썼는지 봐달라고 했어요. 잘했다고 칭찬해주면 될 것을 엄마의 욕심이 화를 부릅니다.

"이 문제는 문장부호 때문에 틀렸네. 엄마가 퀴즈 낼게. 맞춰봐. '어떻해요' 다음에 물음표일까? 아니면 느낌표일까?"

"지금 안 할 거야. 나중에 할 거야."

"너 몰라?"

"받아쓰기 오늘 본 거 아니야."

"받아쓰기를 오늘 본 건 아니지만 세 번씩 쓴 숙제는 오늘 한 거잖아. 너 모르는구나!"

모르는 거 아니라고, 아는데 대답하기 싫다고 울며불며 난리를 칩니다. 아이의 과민반응에 저도 소리를 꽥꽥 질렀어요. 늦은 밤 창문까지 닫아가면서요. 자기 전에 감정카드를 식탁 위에 늘어놓았습니다. 솔직하게 대답해달라고 했어요.

"엄마가 퀴즈 낸다고 할 때 어땠어?" 물으니 '긴장하다' 카드를 집어 듭니다.

"엄마가 '너 모르는구나!' 했을 때는 어땠어?" 물으니 '서럽다' 카드를 고릅니다. 미안함에 눈물이 났어요. 그 눈물이 민망해서 아이를 안았습니다. '밉다'를 고를 줄 알았거든요.

몇 가지 질문을 더 한 뒤에 "엄마가 네 마음을 공부하려고 하는 거야. 네 마음을 제대로 알아서 우리 둘이 더 행복해지려고." 말했더니 갑자기 아이 손이 바빠져요. 제가 미처 꺼내놓지 않았던 카드까지 다 읽어보더니 여덟 장의 카드를 제 손에 건넵니다. '기쁘다, 행복하다, 재미있다, 신나다, 든든하다, 만족스럽다, 감사하다, 사랑스럽다.'

"엄마, 우리 이거 내일 또 하자. 내일은 내가 엄마 마음공부 할게."

욱해서 소리 지르고 미치도록 후회되는 날, 아이에게 미안한데 사과할 방법을 찾지 못하는 날 저는 종종 감정카드를 꺼냅니다.

공부보다 중요한
자존감

다들 자존감이 중요하다고 합니다. 공부보다 중요하대요. 자존감이 높아야 실패해도 좌절하지 않고 다시 일어설 수 있다고 합니다. 사실이에요. 그런데요. 엄마인 나의 자존감은 어떤가요? 엄마의 자존감도 못 챙기면서 내 아이의 자존감 교육이 가능할까요? 가능합니다. 아이의 자존감은 아이의 행복과 직결되니까요. 부모는 아이의 행복을 위해선 뭐든 하니까요. 저 역시 아이 교육에 있어 자존감을 항상 1순위로 꼽았어요.

어떻게 하면 자존감 높은 아이로 키울 수 있을까요? 흔한 방법이지만 제대로 하면 큰 도움이 되는 것으로 칭찬이 있습니다. 아이랑 집에서 받아쓰기 연습을 한 적이 있어요. 그림책 한 권을 읽고 그 안에서 아이가 낱말 열 개를 고르면 다음 날 그걸로 받아쓰기 시험을 보는 겁니다. 아이는 '햇살'이라는 단어를 고르고 한참을 뭔가 생각하더니 저에게 이렇게 말했어요.

"엄마, 이거 내일 불러줄 때 [해쌀]이라고 하지 말고, [핻. 살.]이라고 불러줘."

'살'이 된소리[쌀]로 발음된다는 것을 알고 자신이 스스로 그것을 해내고 싶었던 겁니다. 와, 저는 아이가 학교 받아쓰기 시험 백점 맞은 것보다 더 기뻤어요. 아이의 잘하고 싶어 하는 마음, 놓치지 않고 듬뿍 칭찬해주었습니다. 시도하는 그 순간을 부모가 곁에서 기뻐해 주면 아이는 주저하지 않고 더 나아가려 합니다.

처음부터 다 잘하는 아이는 없어요. 무엇이든 서툴기 때문에 그 결과물도 조금 부족합니다. 부족한 결과물을 두고 그저 잘했다고 칭찬하는 건 위험해요. 아이도 다 알거든요. 부모의 칭찬이 과장되었다는 것을 알고 신뢰가 떨어집니다. 잘하고 싶어 하는 마음과 첫 시도를 칭찬해준 뒤에는 조금만 기다려주세요. 아이들은 시간이 걸릴 뿐 반드시 성장합니다.

아이가 초등학교 입학 전에 추억의 종이인형을 사줬어요. 1학년 수업은 대부분이 미술 활동인데 그리기에는 자신감을 잃은 상태였습니다. 종이접기에도 영 취미를 못 붙이기에 그렇다면 오리기라도 잘해보자 싶었어요. 아이는 알록달록 예쁜 종이인형에 관심을 보이는가 싶더니 자기가 오리지는 않고 저한테 오려달라고 했어요. "너 하라고 사준 건데 왜 자꾸 엄마만 시켜?" 말하고 싶었지만, 그냥 묵묵히 오려주었어요. 그리기보다는 오리기에 자신 있었고 가끔 단순노동이 시름을 잊게도 만들잖아요.

그런데요. 다음날 아이가 가위를 들었어요. 종이인형과 종이인형 사이 공간에 가위질을 해서 저에게 줍니다. 엄마 오리기 편하라고 큰 덩어리로 나누어 준 것이죠. 그다음 날에는 테두리가 단순한 것들을 오리기 시작했어요. 입술을 동그랗게 오므리고 땀을 뻘뻘 흘리면서 집중하는 그 모습이 얼마나 예뻤는지 모릅니다. 저는 그때 깨달았어요. '머물러 있는 아이는 없구나. 아이는 하루하루 다르게 성장하는구나.' 그 성장과 변화의 과정을 구체적으로 칭찬해주었습니다.

"잘한다." 칭찬만으로 부족하다 느껴지면 아이에게 "이거 어떻게 하는 거야?" 하고 물어봐 주세요. 실력을 인정해주면 아이의 자존감이 높아집니다. 저도 그랬어요. 제가 초등 독서교육 책을 썼다는 사실을 알게 된 아이 친구 엄마가 저에게 전화를 걸었습니다. 안 그래도 아이 독서교육에 고민이 많았는데 마침 가까이에 전문가가 있어 반갑다고 했어요. "진로 관련 책은 몇 학년부터 읽히면 좋을까요? 글쓰기 지도는 어떻게 시작해야 할까요? 북스테이는 어디가 좋았어요?" 그 많은 질문이 조금도 번거롭다 여겨지지 않았습니다. 오히려 제 전문성을 인정받은 느낌이었고 더 연구하고 싶은 의욕이 치솟았어요.

부모들이 먼저 아이의 문제를 해결해주려고 하지만 사실은 아이들도 이미 그 방법을 알고 있어요. 가끔은 더 지혜로운 해결책을 내놓기도 합니다. 아이와 그림책 카페에 다녀온 날 밤, 잠자리대화입니다.

"엄마는 오늘 그 그림책카페 너무 좋더라. 재미있는 책도 많고, 창밖에 풍경도 아름답고, 강아지 두 마리도 참 예쁘고. 그런데 오래 못 있어서 너무 속상했어."

"엄마, 여기가 그 그림책카페라고 상상해봐. 재미있는 책도 많고, 풍경도 좋다고 상상해봐. 어때? 기분 좋지? 그리고 다음에 거기처럼 책 많고 풍경 좋은데 또 가자."

깜짝 놀랐어요. 우리가 누운 어두운 방이 그림책카페라고 상상해보라니요. 아이의 말에 아쉬움이 눈 녹듯 사라졌습니다.

어느 아침, 아이와 함께 유치원 버스를 기다리고 있을 때입니다. 약속 시각이 지나도 버스는 나타나지 않고 늘 같이 타던 친구도 그날따라 보이지 않았어요. 혹시 버스가 벌써 가버린 건 아닐까, 다른 안내가 있었는데 놓친 건 아닐까 걱정하며 발을 동동 굴렀습니다. 그런 제 모습을 보던 아이가 제 손을 꼭 잡으며 "엄마. 괜찮아. 엄마차 타고 가거나 걸어가면 되지. 우리가 다 해결할 수 있어." 하는 겁니다. 저는 문제의 원인을 파악하려고만 했지 해결할 생각을 안 하고 있었는데 아이는 한 발 앞선 생각을 한 거예요.

아이들은 사랑하는 엄마가 부정적 감정을 갖고 슬픈 표정을 지으면 어떻게든 자신이 나서서 해결해주려고 합니다. 그 방법이 지혜로울 때도 있지만 터무니없이 황당할 때도 있지요. 그렇다 해도 "네가 엄마에게 큰 도움이 되었다"는 메시지를 꼭 전해주세요.

가장 중요한 건 아이를 믿어주고 다양한 일을 맡겨보는 겁니다. 부모 눈에는 위태로워 보이지만 실제로 맡겨보면 아이들이 잘 해내는 일이 많이 있어요. 아이는 제가 작은 거름망에 된장 푸는 걸 보면 꼭 하고 싶어 했습니다. 여기저기 된장물이 튀거나 된장 덩어리가 그대로 거름망 밖으로 빠져나가거나 최악의 경우 냄비를 바닥에 쏟거나 상상하고 싶지 않은 많은 경우의 수들이 있었어요. 웬걸요, 시켜보니 너무 잘합니다. 엄마보다 더 잘해요. 아이의 조작능력으로는 불가능할 것이라 생각했는데 아니었어요. 시켜보지 않아 몰랐던 겁니다.

물론 실패할 경우 그 뒤처리는 매우 번거롭습니다. "그러니까 엄마가 한다고 그랬지?" 이 소리만 잠깐 참으면 돼요. "괜찮아. 엄마도 처음 했을 때는 그랬어." 잘하고 싶어 하는 마음, 엄마를 도와주고 싶어 하는 그 마음만큼은 칭찬받아 마땅합니다. 엄마를 힘들게 하려고 일부러 실패하는 아이는 없어요. 그러니 기회를 주세요. 돈 안 내고 내 아이 자존감 수업한다 생각하면 된장물 닦는 것쯤이야 아무것도 아닙니다. 분명한 건 아이는 부모가 예상한 것보다 훨씬 잘 해낸다는 것입니다. 그리고 그 작은 성공 경험들이 모이면 튼튼한 자존감으로 무장하게 됩니다.

다시 엄마의 자존감 이야기로 돌아가 볼까요? 엄마의 자존감을 흔드는 많은 요소가 있지만, 그중에서 아이 문제가 가장 큽니다. 아이가 내 뜻대로 안 된다 느껴질 때 엄마의 자존감은 흔들리고 무너져요. 아이의 성장이 모두 엄마 책임이라는 생각을 좀 내려놓으면 좋겠어요. 저도 이게 제일 어렵습니다. 어떻게든 잘 가르쳐서 스스로 당당하고 주변의 사랑도 듬뿍 받는 아름다운 어른으로 자라게 하고 싶어요. 엄마로서는 어렵지만, 교사로서는 너무나 잘 알고 있습니다. 아이들은 결국 잘 커요. 부모가 너무 아등바등하지 않아도 아이는 자신의 역량만큼 잘 자랍니다.

우리, 아이의 미래를 너무 불안해하지 말기로 해요. 모든 것을 잘하는 완벽한 어른은 없잖아요. 누군가는 눈치가 조금 부족하고 누군가는 사람을 잘 못 믿고 누군가는 조금 우유부단합니다. 하지만 오늘의 행복을 추구하며 살아가는데 아무 문제 없잖아요. 아이는 자신만의 강점으로 세상을 잘 살아낼 거예요.

외동아이,
어떻게 키울까요?

'둘째를 낳을까? 말까?' 대체 언제쯤 포기할 수 있을까요? '지금도 버거 운데 둘을 어떻게 키워? 그래도 하나는 외롭겠지? 낳으려면 벌써 나았 어야지, 지금은 너무 늦었어. 그래도 놀이터에서 형제·자매를 쳐다보 고 있으면 짠하던데.'

4인 가족에 대한 막연한 환상이 있었습니다. 누군가는 인구 부족 문제 도 심각한데 둘이 만나 둘은 낳아야 한다며 둘째를 권장했고, 누군가는 요 즘 세상에 자식 덕을 볼 것도 아니고 하나만으로 충분하다고 했어요.

마인드컨트롤도 많이 했습니다. '둘이면 기쁨도 두 배지만 걱정도 두 배겠지?', '싸우는 소리를 못 견뎌 하는 나한테는 하나가 맞지', '어른 이 되어 서로 의지가 되는 예도 있지만 남보다 못한 사이가 되기도 하잖아' 하나만으로 충분하다고 생각했으면 이런 마인드컨트롤이 필요 없었겠지요. 어쩐지 하나로는 아쉽고 둘은 엄두가 안 나니까 이렇게 계속 고민만 하는 겁니다.

저를 포함한 많은 외동아이 부모들은 왜 이렇게 둘째에 대한 미련을 못 버리는 걸까요? 여러 가지 이유가 있겠지만 아마도 가장 큰 이유는 사회적 편견 때문이지 싶어요. '외동아이는 이기적이다. 외동아이는 문제가 있다.'는 편견 말입니다. 어른들은 "혼자 커서 그렇지 뭐."라는 말로 아이 행동의 원인을 쉽게 단정 지어요. 십 년 넘게 교사로 지내오며 형제·자매의 여부와 아이의 품성은 아무런 상관관계가 없다는 것을 확인했습니다. 셋 중 맏이여도 자기만 아는 아이가 있고, 외동이어도 배려가 몸에 밴 아이가 있어요. 물론 그 반대의 경우도 있습니다.

그런데도 엄마로서의 저는 걱정을 덜어내지 못했습니다. 어디 가서 "외동인 거 티 난다."라는 소리를 들을까 봐 전전긍긍해요. 그래서 양보와 배려, 기다림, 갈등과 해결의 기회를 주려고 많이 노력합니다.

남편은 놀이터만 가면 아이에게 친구를 붙여주려고 해요. "저기 쟤 혼자 온 거 같은데 가서 같이 놀아볼래? 일단 자기소개부터 하고." 그러면서 자기가 먼저 솔선수범합니다. "안녕? 나는 마흔두 살 ○○○라고 해. 우리 같이 놀까?" 워낙 어릴 때부터 이렇게 해서 그런지 아니면 타고난 성향 때문인지 아이는 지금도 놀이터에 가서 처음 만난 친구와 곧잘 사귀고 한참을 같이 놉니다. 주말에는 같은 반에 외동인 친구한테 놀러 오라고 해요. 본인이 마술공연이나 연극을 보여주고 놀이터에서 같이 놀아줄 테니까 엄마들끼리 차 마시면서 학교생활은 어떤지 좀 물어보라고요. 노력이 정말 가상하죠.

저도 노력했습니다. 학교 끝나고 딸아이가 친구를 집에 데려오고 싶다고 하면 언제든 허락해주었어요. 집이 너저분해서 부끄러웠지만, 기꺼이 환영했습니다. 쉬운 일은 아니었어요. 친구가 엄마와 함께 오면 별거 아닌 일에 괜히 부담스럽기도 했고요. 친구만 오면 제가 둘의 보호자가 되어 두 아이의 요구사항을 다 들어줘야 했기에 정신이 하나도 없었어요. 그런데도 아이가 원할 때면 누구든 데려오라고 했어요. 이유는 하나였습니다. 아이가 또래와의 시간을 통해 싸우기도 하고 화해도 하고 나눔의 기회를 얻기를 바랐어요.

그런데 그런 기회를 많이 주면 정말로 아이의 사회성이 좋아질까요? 이런 생각은 어쩌면 부모의 욕심일지 모릅니다. 갈등과 해결의 기회를 주는 것만으로 아이의 사회성이 좋아진다면 외동이 아닌 모든 아이는 사회성이 좋아야 해요. 제주 한 달 살이를 이종사촌 언니, 오빠와 함께했는데요. 한정된 자원을 셋이 나누어 쓰다 보면 기다릴 줄도 알게 되고 부모가 간섭하지 않고 지켜보면 저희끼리 다툼과 화해를 반복하며 성숙해질 줄 알았어요. 대단한 착각이었습니다. 정말 많이 싸웠어요. 얼마나 많이 싸웠는지 떨어뜨려 놓기도 했습니다.

대체 왜 그랬을까요? 밤마다 잠자리에서 대화를 나눠보면 아이는 이미 다 알고 있었어요. 자신이 언니, 오빠에게 무엇을 잘못했는지, 자신이 어떻게 행동해야 했는지를 말입니다. 그런데 다음날이 되면 또 비슷한 일이 반복되었어요. 참고 기다리는 힘보다 빼앗고 공격하는 기술이 느는 것처럼 보였습니다. 아이 마음을 들여다보니 아이의 중심이 바로 자기 자신이라서 그래요. 자신이 대화의 주인공이 되고 싶은데 언니, 오빠가 말을 더 많이 하면 화가 나는 겁니다. '내가 한번 말했으니, 이번엔 너도 한 번'이 안 됩니다. 기준이 자기 자신입니다. 자기가 준 것만 생각해요. "언니가 너한테 양보 많이 해줬잖아."라는 말이 안 들려요. 내가 양보한 것만 떠올라 서운한 겁니다. 자기 중심성은 외동이라서가 아니라 발달 단계상 이 시기 아이들의 특징이에요.

부부가 둘이 대화를 할 때 아이가 자꾸 끼어들거나 할 말을 못 하게 막는다고 걱정하는 부모님도 많습니다. 저희 부부도 그랬어요. '늘 아이가 먼저 말하도록 한 게 잘못이었을까?' 고민할 정도로 아이는 부부의 대화를 힘들어했어요. 중간에 끼어들어 대화를 방해하는 것도 문제지만 막상 들어보면 별 얘기가 아닌 경우가 많았습니다. 그러니까 꼭하고 싶은 말이 있어서 말을 끊었다기보다는 말을 끊는 게 목적으로 보였어요. 처음에는 많이 혼냈습니다. "어떻게 항상 너만 얘기하니? 엄마 아빠한테도 꼭 필요한 얘기가 있는 거야. 중간에 말하고 싶으면 손을 들고 신호를 줘. 그럼 엄마 아빠도 최대한 빨리 대화를 마무리 짓도록 노력할게."

아이는 훈련을 통해 나아졌을까요? 아닙니다. 손드는 훈련은 잘 되었어요. 그런데 역시나 들어보면 주제와 상관없는 얘기거나 손들만큼 급한 얘기가 아니었습니다. 생각해보니 이건 외동이라서, 자기 차례를 기다리지 못해서가 아니에요. 셋 중 하나는 외롭기 때문입니다. 어른도 그렇잖아요. 셋이 만났는데 둘이서 나만 모르는 이야기를 하면 소외감을 느끼지 않나요? 아이도 마찬가집니다.

저는 이걸 깨달은 후로 대화방식을 조금 바꾸었어요. 엄마 아빠가 나누는 이야기의 주제를 아이에게 충분히 설명해주었습니다. 아이의 언어로요. 그리고 아이에게 "네 생각은 어때?" 하고 꼭 물었어요. 아이의 의견을 수렴하면 더욱 좋겠지만 그 결과는 중요한 게 아니에요. 아이가 자신도 대화에 참여했고 충분히 제 목소리를 냈다고 느끼는 게 우선입니다.

본질은 이겁니다. 내 아이의 문제행동을 '외동이라서 그래'로 결론짓지 말아야 해요. 사회적 편견이 엄마의 불안을 부추기더라도 그걸 이겨내야 합니다. 혹시 아이가 외동이라 고민되신다면 외동의 장점과 외동만이 주는 기쁨을 만끽하세요.

딸아이는 늘 확신에 차 있어요. 자신이 엄마 아빠의 사랑을 독차지하고 있다는 확신이요. 어느 날 아이가 클레이를 하는 동안 뒤에서 아이를 끌어안고 배를 조물조물 만졌더니 "내 배 만지면 힘이나? 엄마 지금 충전 중이야?"라고 말합니다. 또 어느 날은 제가 컨디션이 안 좋아 좀 누워있었더니 "내 마법의 뽀뽀를 받으면 다 나을걸?" 하며 뽀뽀를 퍼부어요. 어느 아침에는 양치질하면서 "엄마, 나 학교 가고 나면 이렇게 인상 찡그리지?" 하고 묻습니다. 왜 그런 생각을 했냐고 하니 "나 보고 싶어서"랍니다. 부모가 자신을 조건 없이 사랑하고 있다는 믿음, 자신이 부모에게 줄 수 있는 사랑 또한 막강하다는 믿음, 이 믿음이면 세상을 향해 당당히 나아갈 수 있지 않을까요?

'맏이라서 눈치를 많이 본다', '둘째라서 뭐든 안 지려고 한다', '외동이라서 이기적이다' 모두 어른들이 만들어낸 고정관념입니다. 그 프레임 안에 내 아이를 가두고 걱정을 키우지 마세요. 부모의 노력으로 바꿀 수 없는 아이의 기질일 수도 있고, 발달 단계상 자연스러운 특징일 수도 있습니다. 부모와의 관계를 잘 맺고, 자신의 가치를 분명히 알면 외동아이도 충분히 잘 성장할 수 있어요.

초등학교 1학년, 무엇이든 물어보세요!

Q1. 학교에 들어갈 아이가 "엄마, 학교 가서 친구 잘 사귀겠지?" 하고 물어봅니다. 이럴 땐 어떤 대답을 해줘야 할까요?

아이도 불안하니까 묻는 겁니다. 불안을 달래주는 일이 우선이에요. 유치원과 학교는 장소, 시간 운영, 공부하는 책과 같은 환경이 바뀔 뿐이지 사람은 그대로라는 것을 얘기해주세요. 즉 지금 너와 같은 일곱 살이 너와 같이 한 살을 더 먹고 여덟 살이 되어 학교에서 만나는 거라고 말해주세요. 네가 낯설고 걱정되는 것처럼 친구도 똑같이 서툴고 어려울 테니 같이 잘해나가면 된다고 다독여주세요. 지금까지 유치원에서 친구를 잘 사귄 것처럼 학교에 가서도 똑같이 잘 사귈 거라고 응원해주세요.

그리고 좋은 친구를 사귀고 싶다면 네가 먼저 좋은 친구가 되면 쉽다고 말해주세요. 일곱 살 아이에게 "친구를 배려하고 존중해줘야 한다."라는 너무 막연합니다. 구체적 행동으로 알려주셔야 해요. 먼저 인사하기, 친구 말을 중간에 끊지 말고 끝까지 들어주기, "잘했다", "멋지다" 칭찬해주기, 작은 잘못은 선생님에게 고자질하지 않기 등 학기 초에 친구를 사로잡을 비법에 관해 이야기 나눕니다.

저는 그림책의 도움을 많이 받았습니다. 그중에서도 특히 《두근두근 1학년 새 친구 사귀기》(송언, 사계절, 2014)와 《친구 사귀기》(김영진, 길벗어린이, 2018)는 꼭 한 번 아이와 같이 읽어보세요. 짝꿍 때문에 괴로운 마음, 유치원 친구를 그리워하는 마음, 어떻게 친구를 사귈까 고민하는 마음 등 공감하면서 배울 거리가 가득하답니다.

Q2. 아이와의 소통이 제일 어려운 엄마입니다. 남자아이라서 평소에도 말이 별로 없어요.

아이가 학교 다녀와서 별말이 없으면 일단 걱정하지 마시라고 말하고 싶어요. "학교도 마음에 안 들고, 선생님도 싫고, 친구들도 밉다. 학교 가기 싫다." 말하면 문제지 말이 없는 것은 문제가 아닙니다. 학교에 적응하기 어려워하고 친구들과 자꾸 갈등을 일으켜서 문제라면 담임교사로부터 먼저 전화가 옵니다. 선생님들도 궁금하거든요. 집에서는 어떤지, 부모가 무엇을 도와줄 수 있는지 말입니다. 아무 연락이 없다는 것은 두루 잘 지내고 있다는 뜻이니까 마음을 놓으세요.

우리는 소통에 대해 가끔 착각할 때가 있어요. 아이가 먼저 말을 많이 하거나 엄마가 묻는 말에 대답을 잘하면 소통이 잘 된다고 생각해요. 아닙니다. 부모와 아이 사이에 오해와 갈등이 없으면 충분히 소통이 잘되고 있는 겁니다. 학교에서 막 돌아온 1학년 아이에게 "오늘은 어땠어? 재미있었어? 누구랑 놀았어?" 자꾸 묻지 마세요. 아이도 지금 알아가는 중입니다. 학교는 어떤 곳이고, 누구랑 뭘 하며 놀 때 재미를 느끼는지 열심히 탐색하고 있어요.

딸아이도 집에 와서 학교 얘기를 시시콜콜 늘어놓는 편이 아니었어요. 궁금하고 답답했지요. 저는 직접 묻기보다 그림책 대화와 잠자리 대화를 많이 활용했습니다. 그림책을 함께 읽으며 아이 마음이 어디에 머물렀는지 들여다보았고, 잠자리에서 불을 끈 상태로 아이의 이야기에 귀를 기울였어요. 엄마가 아이를 믿고 지켜보며 응원하고 있다는 메시지를 말과 글을 통해 끊임없이 전하세요. 아이가 문제 상황에 부닥쳤을 때 가장 먼저 엄마를 찾으면 되는 겁니다.

Q3. 유치원 때부터 아이가 자기주장이 강하고, 고집이 세다는 얘기를 자주 들었어요. 이런 아이에게 학교생활을 어떻게 해야 한다고 알려줘야 하나요?

자기주장이 강하고 고집이 센 아이는 주도성이 강한 아이입니다. 타고난 기질이라 바꾸기 힘들어요. 바꾸려고 하면 엄마와 아이 모두 힘들어집니다. 저희 아이가 그래요. 아이가 스스로 선택할 수 있도록 질문을 많이 했어요. "주말에 외식할 건데 뭐 먹고 싶어?", "오늘 할 일이 세 가진데 뭐부터 할 거야?"와 같이 말해주세요. 주도성이 강한 아이는 지시와 금지를 어려워해요. "~해!"라고 하면 이유도 없이 반대부터 하고요,

"안 돼!"라고 하면 어떻게든 하려고 합니다. 자신에게 통제력이 없는 상황에서 스트레스를 받아요.

그런데 학교는 선택보다는 지시와 금지의 상황이 더 많습니다. 짧은 시간에 좁은 공간에서 정해진 결과물을 만들어내야 하기 때문이지요. "종이 전체에 풀칠하지 말고 한쪽 끝에만 해."라고 하면 다 풀칠해 봐야 직성이 풀립니다. 청개구리 같지요. 남이 지시한 대로 따라 하면 자신이 사라지기라도 하는 것처럼 압박을 느껴요. 그럴 때는 "선생님이 너를 무시하거나 미워해서 그런 게 아니야. 너를 도와주려고 하시는 거야. 선생님 말씀대로 해서 더 쉽고 재미있어지는 경우도 많아."라고 말해주세요.

자기주장이 강한 건 아이의 특징이지 단점이 아닙니다. 자기주장이 강해서 혹시라도 남에게 피해를 줄까 봐, 선생님께 미움 받을까 봐 전전 긍긍하는 그 마음 제가 누구보다 잘 알아요. 그런데 아이의 미래를 상상 해보세요. 자기주장이 강해서 뚝심 있게 자신의 길을 뚜벅뚜벅 걸어가는 어른이 되기를 원하나요? 아니면 다른 사람이 하라는 대로 그저 따라 하 거나 남의 말에 이리저리 휘둘리는 어른이 되기를 원하나요?

Part 2

놓쳐서는 안 될
1학년의 경험과 습관

주말에 뭐하지?

하나부터 열까지 참 안 맞는 저희 부부가 거의 유일하게 통하는 게 있습니다. 그건 바로 주말에 마트 가는 것을 싫어한다는 겁니다. 그 이유는 서로 다르지만 말이에요. 남편은 필요 이상의 돈을 쓰게 되어 싫어하고, 저는 사람이 너무 많아서 싫어요. 마트도 안 가고 특별히 취미활동도 없었기에 주말을 온전히 가족과 함께 보낼 수 있었습니다. 아이가 어릴 때부터 주말마다 집 밖으로 나갔어요. 영유아를 키우는 부모님들은 공감하실 거예요. 아이가 집에 있으면 투정을 더 많이 부리지 않나요? 밖에 나가서 낯선 자극이 주어지면 그걸 보고 느끼느라 투정이 좀 잦아들지요. 저희 아이도 그랬어요.

주말만 되면 참 부지런히 다녔습니다. 어린이박물관, 자연휴양림, 놀이공원 등 아이와 가볼 만한 좋은 곳이 무궁무진하더군요. 어느 거울, 롯데월드에서 있었던 일입니다. 크리스마스를 앞두고 한껏 들뜬 분위기였어요. 공연단이 반짝이는 초록색 옷을 맞춰 입고 캐롤을 연주하며 율동을 선보였습니다. 그걸 보고 있는데 갑자기 눈물이 주르륵 흐르는 겁니다. '아, 크리스마스라고 이렇게 신나는 공연을 본 순간이 내 유년 시절에는 없구나.' 삶에 지쳐 고단했을 친정엄마와 이런 세상의 존재조차 몰랐던 어린 제가 가여워 눈물이 났어요. 그때부터 욕심이 생겼던 것 같아요. '내 아이에게만큼은 최대한 많이, 최대한 좋은 것을 보여주자.'라는 욕심 말입니다.

아이가 초등학교에 입학하면서 주말 나들이에 뭔가 변화를 주고 싶었어요. 월별로 주제를 정해보기로 했습니다. 처음부터 일 년 치 계획을 다 세운 건 아니고요. 여행, 체험학습 관련 책들을 참고하면서 우리 가족에게 어떤 곳이 의미 있을까 고민했습니다. 3월에는 아직 날씨가 추웠기 때문에 실내 박물관으로 정했어요. 4월에는 봄꽃이 피기 시작하면서 숲속으로 갔고, 5월에는 야외에서 간식도 먹고 공연도 즐길 수 있는 놀이공원을 선택했습니다. 6월에는 어쩌다 보니 책방을 찾아다녔어요. 더워지기 시작하는 7월에는 물놀이를 했고, 8월에는 제주 한 달 살이를 했습니다. 깊어가는 가을과 함께 9월에는 궁궐에서, 10월에는 사찰에서 고즈넉함을 즐겼습니다. 다시 추워진 겨울에는 각종 공연을 찾아다녔어요.

별것 아닌 것 같은데 이렇게 주제를 정해 나들이를 해보니 좋은 게 참 많았어요. 우선 선택의 범위가 좁아져서 나들이 계획을 세우기가 수월했습니다. 그전에는 검색 키워드가 '주말에 아이랑 갈만한 곳', '경기도 아이랑 가볼 만한 곳'이었기 때문에 너무 많은 콘텐츠가 쏟아져 나왔어요. 그런데 '박물관' 이렇게 주제를 정하면 박물관 중에서도 거리는 적당한지, 아이 수준에 알맞은지 등을 고려해 고를 수 있었습니다.

주제여행을 다니기 전까지는 대개 남편이 주말 계획을 세웠어요. 보통은 수요일 즈음 되면 남편이 먼저 주말에 뭐할지 제안했고 저는 대부분 좋다고 했어요. 그런데 주말이 가까워져 와도 별말이 없으면 제가 먼저 물었습니다. "이번 주에는 어디 갈 거야?" 아직 계획이 없다고 하면 어쩐지 실망스러웠고 그때부터 저도 이것저것 검색하기 시작했어요. 남들이 좋다는 곳은 이미 매진이고 운 좋게 간다고 해도 사람이 너무 많아 만족스럽지 않았습니다. 그런데 주제여행을 다니면서는 제가 주도적으로 계획을 세웠어요. 막상 해보니까 생각보다 재미있더라고요.

가장 좋은 건 아이의 몰입이었어요. 한 주제에 대해 일정한 시간 동안 경험하다 보니 생각이 깊어지고 대화도 풍성해졌습니다. 궁궐에 가면 그저 여기저기 두리번거리다가 돌아왔는데 여덟 살이 되어 여러 번 궁궐에 다녀오더니 궁궐이 품고 있는 이야기에 관심을 보였어요. 본인이 먼저 문화관광해설사를 요청하기도 하고 다음번엔 어느 궁궐에 갈지 궁금해했습니다.

3월	서대문형무소역사관(서울 서대문구 통일로 251) 국립항공박물관(서울 강서구 하늘길 177) 국립민속박물관(서울 종로구 삼청로 37) 전쟁기념관(서울 용산구 이태원로 29)

4월	광교산(경기 용인시 수지구 고기동)
	바라산(경기 의왕시 학의동)
	서울대공원둘레길(경기도 과천시 막계동)
	남한산성둘레길(경기 광주시 남한산성면)
5월	서울랜드(경기 과천시 광명로 181)
	부산 롯데월드(부산 기장군 기장읍 동부산관광로 42)
	한국민속촌(경기 용인시 기흥구 민속촌로 90)
	레고랜드(강원 춘천시 하중도길 128 레고랜드 코리아 리조트)
6월	카페옥이네(경기 양평군 용문면 용문산로636번길 15-2)
	산책하는 고래(경기 양평군 용문면 용문산로 340-20)
	농부와 책방(경기 용인시 처인구 양지면 한터로662번길 47)
	이월서가(충북 진천군 이월면 진안로 583-6)
	이루라책방(인천 강화군 내가면 황청포구로333번길 27-1)
7월	파라다이스시티(인천 중구 영종해안남로321번길 186)
	미란다호텔(경기 이천시 중리천로115번길 45)
	나인트리(경기 성남시 수정구 창업로 18)
	인디어라운드(경기 이천시 이섭대천로941번길 49-44)
9월	창덕궁(서울 종로구 율곡로 99)
	화성행궁(경기 수원시 팔달구 정조로 825)
	덕수궁(서울 중구 세종대로 99)
	경복궁(서울 종로구 사직로 161)
10월	봉녕사(경기 수원시 팔달구 창룡대로 236-54)
	대광사(경기 성남시 분당구 구미로185번길 30)
	용주사(경기 화성시 송산동 187-2)
	화운사(경기 용인시 처인구 동백죽전대로 111-14)
겨울 뮤지컬	드래곤 하이(국립중앙박물관 극장 용)
	마틸다(대성 디큐브아트센터)
	판타지아 시즌2(국립중앙박물관 극장 용)
	이상한 과자가게 전천당(성균관대학교 새천년홀)
	스노우 데이(국립중앙박물관 극장 용)

제주 한 달 살기

몇 해 전《제주도에서 아이들과 한 달 살기》(전은주, 북하우스, 2013)를 읽고 제주 한 달 살기는 제 버킷리스트가 되었습니다. 어떤 것에도 얽매이지 않고 오롯이 아이와 나의 존재 그 자체에만 집중하는 삶. 더우면 바다로 뛰어들고 더 더우면 시원한 도서관에서 지칠 때까지 책을 읽는 하루. 상상만으로 행복했습니다.

버킷리스트를 다 이루는 건 아니잖아요? 저도 마음에만 담아두고 실천을 못 하고 있었어요. 제주에 가지 않아도 아이의 여름방학은 꽤 금방 지나갔을 거예요. 오전에는 복닥복닥 아이랑 놀기도 하고 싸우기도 하고, 오후에는 학원에 가고, 저녁에는 긴 여름 해가 질 때까지 놀이터에서 놀았을 겁니다. 물론 그 일상도 소중합니다. 그러나 결단이 필요했어요. '지금이 아니면 안 되겠구나.' 생각하니 좀 쉬웠습니다. 떠나지 않으면 끊지 못했을 피아노, 발레, 영어학원에 전화해서 8월 한 달은 쉬겠다고 말씀드렸어요.

마음먹기가 어렵지 준비는 간단했어요. 숙소만 예약했습니다. 제주도 지도를 두 장 출력하긴 했지만, 일정을 짜진 않았어요. 그저 마음 가는 대로, 아이의 컨디션에 따라 그날그날 정하기로 했습니다. 계획이 없다는 사실이 설렘을 증폭시켰어요. 친정엄마는 며칠 전부터 전화로 "짐은 싸고 있냐? 미리미리 싸야 한다. 작은 방에 여행용 가방을 펼쳐 놓고 생각날 때마다 챙겨라." 당부하셨어요. 저는 준비물 목록을 만들어 그것만 들여다보며 추가하고 수정했습니다. 싸는 건 금방이었어요. 두 사람의 한 달 짐이 28인치 여행용 가방에 다 들어갔습니다. 멋진 사진을 남기기 위한 예쁜 옷, 예쁜 신발은 못 챙겼어요. 챙이 넓은 모자와 선블록크림, 비상약은 넉넉히 챙겼습니다.

가장 중요한 준비물은 책이음카드였어요. 이 카드 한 장이면 전국 어느 도서관이든 책을 빌릴 수 있습니다. 제주에서 아이와 3주를 보내고 온 친구가 정말 유용하다며 추천해주었어요. 다른 건 몰라도 그건 꼭 챙겨가야겠다 결심했어요. 평소 다니던 도서관에 가서 신청했더니 그 자리에서 바로 만들어주셨습니다. '리브로피아'라는 앱을 설치하고 회원 정보를 입력하면 도서관 휴관일 정보나 대출 이력, 반납일을 한눈에 확인할 수 있어서 편리했어요.

모든 준비가 끝나고 비행기를 타기 하루 전, 저는 휴대전화 알람을 다 껐습니다. 평소 여덟 개의 알람을 맞춰놓고 살았더라고요. 모닝콜부터 아이의 하교 및 하원 시간 알람까지. 학교도 학원도 요일별로 끝나는 시간이 다 다르니 알람을 맞춰놓지 않으면 헷갈렸어요. 알람이 울리기 전에 느긋하게 준비해서 나가면 좋은데 늘 알람이 울리고 나서야 몸을 일으켰습니다. 그러니 종종걸음을 칠 수밖에요. 딱 한 달만, 알람 소리가 아닌 아이의 목소리에 귀 기울이기로 했습니다.

제주의 자연은 참으로 경탄스러웠어요. 매일 다른 구름을 만났습니다. 집에 있을 때도 유난히 구름이 예쁜 날은 사진에 담고 한참 하늘을 올려다보는 여유쯤은 있었는데 제주의 구름은 어쩐지 더 특별했어요. 운전하면서 창밖의 구름을 보며 감탄하는 일로 하루를 시작했습니다. 바다도 원 없이 즐겼어요. 바다도 다 같은 바다가 아니었습니다. 아침의 바다와 저녁의 바다가 달랐어요. 표선해수욕장에서는 "파도 앞에서 물러서지 않아!"를 외치며 몸을 물에 푹 담그고, 해질녘 곽지해수욕장에서는 시간 가는 줄 모르고 모래 놀이를 즐겼습니다. 하효쇠소깍해수욕장의 검은 모래는 아이를 깜짝 놀라게 했어요. 뜨거운 햇볕에 살갗이 타들어 가도 자연의 아름다움이 그걸 이겨내게 했습니다.

아이가 가족이 아닌 다른 사람에게 작은 친절을 베푸는 모습도 제겐 큰 기쁨이었어요. 집에서는 늘 어리광을 피우고 본인이 할 수 있는 일도 아빠나 엄마에게 해달라고 하는 경우가 부지기수였죠. 하지만 조식 뷔페에서 이모와 언니, 오빠의 수저를 챙기고, 이모가 피곤해서 자야겠다고 하니 조용히 문을 닫아주었습니다. 오빠가 열이 나는 것 같다고 하자 얼른 뛰어가 우리의 여행 가방에서 해열제를 꺼내오고, 어느 박물관 트램펄린에서는 어린 동생이 올라오자 뛰는 걸 멈추고 얼른 자리를 비켜주었어요. 대단한 친절은 아니어도 그 작은 몸짓이 저를 행복하게 만들었습니다.

좋기만 한 건 아니었어요. 일단 너무 더웠습니다. 어느 숙소의 주인 장은 저희에게 이렇게 말했어요. "여름에 애 데리고 다니기 너무 힘들죠? 병이 안 나는 게 용하지. 엄마 혼자 애 데리고 여름에 제주 왔던 사람은 두 번 다시 안 와요. 너무 힘들어서요." 참기 힘든 더위에 아이는 금방 지쳤고 짜증이 늘었습니다. 그 짜증을 달래주다 언성이 높아지는 날이 많았어요. 신체적 욕구불만이 쌓인 아이를 말로 설득하려고 했으니 통할 리가 없습니다. 너무 힘들 땐 '나 대체 여기서 뭐 하고 있는 거지? 집에 있으면 정말 편했을 텐데 여기 왜 왔지?'라는 생각까지 들었어요.

더위보다 더 힘들었던 건 아이의 다툼이었습니다. 이종사촌 언니, 오빠랑 같이 갔는데 처음 며칠만 잘 놀고 그 이후로는 매일 싸웠어요. 사실 떠나기 전에 원대한 포부가 있었습니다. '우리 아이는 외동이니까 참고 기다리는 게 부족하지. 가면 언니, 오빠 사이에서 배려도 배우고 양보도 배울 거야.' 결론적으로 배려와 양보는커녕 싸움의 기술만 늘었습니다. 아이 둘, 셋 키우는 부모님의 위대함을 다시 한번 깨닫는 시간이었어요.

그런데도 누군가 "제주에 또 그렇게 오래 있고 싶냐?"라고 묻는다면 아이도, 저도 무조건 "Yes!"입니다. 제주에 있을 때도 좋았지만 다녀와서 더 좋았거든요. 일단 집의 소중함을 깨달았어요. 제가 한 달 만에 집에 돌아와서 집안을 둘러보며 "아, 우리 집이다. 우리 집 너무 좋아. 집에 오니까 정말 좋다."라는 말을 저도 모르게 하고 있었어요. 아이가 "엄마, 집이 그렇게 좋은데 제주도에 왜 갔어?"라고 하는 겁니다. 아이들은 참 단순하죠. "음, 여행은 멋진 걸 보고 맛있는 걸 먹으러 가는 것도 있지만 집의 소중함을 느끼려고 가는 것도 있어." 아이는 영 모르겠다는 표정이었지만 아무래도 좋았어요. 내 방, 내 침대, 내 이불의 포근함과 내 주방, 내 화장실의 편안함. 새삼 집의 존재가 감사했습니다.

집뿐 아니라 남편의 소중함도 절절히 느꼈지요. 여행 끝에 남편이 여름휴가를 내고 저희에게 왔는데 마냥 아빠를 반기는 아이 옆에서 저는 그만 울어버렸어요. 그동안 심리적 부담이 엄청났던 겁니다. 베개만 닿으면 잠드는 제가 제주에 간 첫날, 잠을 이루지 못했으니까요. '아이가 아프거나 다치면 어쩌지?', '아이를 잃어버리면 어쩌지?' 그 생각에 늘 긴장하며 지냈으니까요. 남편을 보자 '하, 이제 우리를 지켜줄 사람이 나타났다.' 그런 생각을 했던 것 같아요. 집에서는 절대 안 했던 생각입니다. 그동안 여행할 때마다 운전하고, 짐을 싣고 내리는 남편을 보면서 당연하다고 생각했는데 아니었어요. 꽤 고된 노동이라는 사실을 직접 해보고 나서야 깨달았습니다.

무엇보다 가장 좋은 건 우리만의 커다란 이야기보따리가 생겼다는 겁니다. 아이는 제주에서 안면이 튼 걸 만나면 굉장히 반가워했어요. 《우리 동네 슈퍼맨》(허은실, 창비, 2014)이라는 그림책을 읽다가 해녀가 나오자 '테왁', '숨비소리', '불턱' 같은 낱말을 써가면서 재잘재잘 알은 척을 했습니다. 그전까지는 '제주도에서 잠수하는 할머니' 정도로 알고 있었을 해녀에 관한 이야기가 더 넓고 깊어진 겁니다. 어느 자연휴양림 안내판에서 '피톤치드'라는 단어를 보더니 "엄마, 우리 비자림에서 피톤치드 엄청 많이 맞았잖아. 내가 가방에다가 피톤치드 엄청 많이 담아서 아빠한테 줬잖아." 당시 함께하지 못했던 아빠에게 선물한다며 눈에 보이지도 않는 피톤치드를 손으로 그러모아 가방에 담는 시늉을 했거든요. 아이가 그때 맸던 노란색 크로스백을 우리는 지금도 '피톤치드 가방'이라고 부른답니다.

여행이 교육이 되려면?

아이가 이유식을 떼자마자 기다렸다는 듯이 비행기를 탔습니다. 국내든 해외든 여행을 참 많이 다녔어요. 장난감과 옷은 안 사줘도 여행에는 돈을 아끼지 않았습니다. 어느 날 지인이 저에게 "애가 나중에 기억도 못 할 텐데 돈이 너무 아깝지 않냐?"고 물었어요. 맞습니다. 아이는 자기가 몇 살에 어디를 갔고, 가서 무엇을 했는지 기억하지 못할 거예요. 하지만 아이 정서에는 고스란히 남아 있어요. 대만에서 망고빙수를 먹을 때 몸을 부르르 떨던 자신을 엄마가 얼마나 사랑스럽게 바라봤는지 잊지 못합니다. 하와이 와이키키 해변에서 엄마가 석양 한 번, 나 한 번 쳐다보며 그 충만한 행복을 어떻게 표정에 드러냈는지 기억합니다.

유년기의 경험은 성적과는 비교할 수 없이 중요합니다. 돈으로 살 수 없는 것은 물론이요 한꺼번에 얻을 수 있는 것도 아니에요. 고학년이 되면 시간도 없고 마음도 없습니다. 어느 주말 아침, 아이와 나들이를 나서는데 아파트 상가 앞에 줄을 서 있던 아이들이 대형 버스를 타는 모습을 봤어요. 학원 보충수업이 잡혔겠지요. 우리 애만 보충수업에 빠지고 여행을 가는 건 너무 어려울 겁니다. 빠진 만큼 뒤처질 거라는 불안감 때문에요. 중·고등학생이 아니었어요. 초등학생이었습니다.

시간만 없는 게 아닙니다. 마음도 없어요. 한가한 시간이 생기면 친구와 스티커 사진 찍고 코인노래방 갈 테니 여행은 부모님끼리 가고 용돈이나 두둑이 달라고 합니다. 꽤씸한 마음에 억지로 끌고 가면 '지루하다', '맛이 없다' 내내 트집을 잡습니다. 부모가 돈도 쓰고 마음도 썼는데 아이 반응이 시큰둥하면 화가 나요. 결국, 큰소리가 나고 "다시는 너랑 같이 가나 봐라" 하고 끝나기도 합니다. 그럼 아이는 속으로 좋아해요. 하지만 엄마는 또 마음이 약해져서 친구와 스티커 사진 찍는 것보다 더 재미난 여행지는 없을까 검색합니다. 저도 말은 이렇게 하지만 곧 그런 날이 올 것 같아 매우 두려워요.

두렵다기보다는 아쉽습니다. 짜증 내고 울고 화내고 소리쳐도 우린 지금 서로를 마주 보고 있으니까요. 곧 각자의 자리에서 자기 일에 몰두하다 가끔 행사처럼 한자리에 모일 텐데 그때의 헛헛함을 어찌 이겨낼까 생각하면 눈물이 납니다. 가족의 품을 벗어나 더 넓은 세상으로 나아가 새로운 관계를 맺고, 의미 있는 도전을 하는 건 참 감사한 일인데 왜 벌써 이렇게 아쉬운지 모르겠어요. 아이와 제가 한 살이라도 어릴 때 부지런히 여행을 다니려는 이유입니다.

여행을 통한 경험은 그저 보고 듣는 것으로 그치지 않습니다. 경험은 나를 탐구하는 도구가 됩니다. 내가 어떤 일을 좋아하고 몰입할 수 있는지, 어떤 풍경을 볼 때 마음의 안정을 느끼는지, 어떤 사람을 만날 때 좋은 자극을 받는지 다양한 경험을 해봐야 해요. 《아이의 친구관계 공감력이 답이다》(김붕년, 조선앤북, 2012)에서 저자의 말에 따르면 몰입 경험이 전전두엽의 발달을 돕는다고 해요. 좋은 경험이 집중력과 학습력에도 영향을 끼친다고 하니 경험을 쌓는 일이 스펙을 쌓는 일만큼 중요하지 않을까요.

우리 가족 여행의 기술 몇 가지를 소개할게요. 우선 여행하기 전에는 관련 책을 최대한 많이 빌려봅니다. 제주에 가기 전에는 제주와 관련된 책을, 경주에 가기 전에는 신라시대와 관련된 책을 잔뜩 봅니다. 책의 두께나 권장 나이는 고려하지 않아요. 어른을 위한 여행 안내책에서 그림만 보여줘도 아이는 흥미를 느끼더라고요. 특정 지역에 관한 책만이 아니에요. 케이블카, 캠핑, 롤러코스터, 열기구, 오케스트라, 디즈니, 해리포터. 제가 여행을 떠나기 전 도서관 홈페이지 검색창에 입력한 키워드들입니다.

그리고 아이가 그즈음 학교에서 통합교과 시간에 무엇을 배우는지 파악해서 몇 가지 주제를 마음속에 챙겨갑니다. 교과서는 학교에 두고 다니지만 보통 1학년은 담임교사가 주간학습안내를 인쇄물로 챙겨줍니다. 수업 내용에 꼭 맞춘 활동을 계획하거나 복습을 하라는 게 아니에요. 학교에서 돌아온 1학년 아이에게 "오늘 학교에서 뭐 배웠어?" 하고 묻는 것은 큰 의미가 없습니다. "그림 그렸어.", "만들기 했는데?", "술래잡기했어."라고 말하는 날이 많아요. 가족, 예절, 감사, 더위, 비,

태풍, 우산 등 어디에나 있고 언제라도 이야기할 수 있는 것들을 배웁니다. 여행 가는 차 안에서 할머니, 큰아빠, 이모, 사촌언니·오빠에 관해 이야기하고, 모래놀이를 하면서 더위나 비, 태풍을 피하는 방법에 관해 이야기해요. 딸아이는 저랑 손잡고 걸을 때 〈구슬비〉, 〈꼬마 눈사람〉 같은 교과서에 나오는 동요를 불러주면 참 좋아했어요. 눈을 동그랗게 뜨고 "엄마, 그 노래 어떻게 알았어요?" 하면서요.

여행 중에는 아이와 대화를 많이 합니다. 특히 '왜?'라는 질문을 많이 해요. 제가 일방적으로 묻고 아이가 대답하는 게 아닙니다. 같이 곰곰히 생각해봐요. '선덕여왕은 첨성대를 왜 만들었을까?', '일본은 왜 초밥이 유명할까?', '파도는 왜 치는 걸까?', '연잎 위에 떨어진 빗방울은 왜 도르르 굴러가는 걸까?' 제가 정답을 아는 예도 있지만 모르는 경우가 더 많아요. 정답은 같이 찾아보면서 알아가면 됩니다. 중요한 것은 아이와 함께 관찰하고 고민하고 대화했다는 것이지요.

그리고 그날의 경험과 감정이 사라지기 전에 기록을 남깁니다. 글이든 그림이든 상관없어요. 휴대용 사진 프린터로 사진을 한 장씩 인화해주면 좋더라고요. 아이가 사진을 보면서 더 자세한 이야기를 쓰거나 그립니다. 안 그러면 먹는 이야기로 시작해서 먹는 이야기로 끝나는 글이 많아요. 대단한 맛집을 찾아다니는 것도 아닌데 평소 집밥에 익숙한 아이가 각 지역의 색다른 음식을 맛보는 게 인상적이었나 봅니다.

여행을 다녀온 후에는 안내서와 지도를 적극적으로 활용합니다. 아이가 어릴 때는 여행지에서 받은 안내서를 대부분 엉덩이 깔개로 썼어요. 길거리 공연을 본다거나 오래 기다려야 할 때 유용했습니다. 깔개가 필요 없는 날은 안내서를 챙기지 않았습니다. 짐만 되니까요. 그런데 아이가 초등학교에 입학할 무렵부터는 안내서를 열심히 챙겼어요. 그 안에 볼거리가 정말 많더라고요. 단순히 위치 안내, 작품 해설의 기능만 하는 것이 아니라 대화의 매개체로 쓰였습니다. 그래서 여행 다녀오고 꽤 오랫동안 안내서는 식탁 위에 혹은 자석칠판에 붙어있었어요.

전국여행지도는 거실 벽에 아이 눈높이에 맞춰 걸어두었습니다. 다녀온 곳에 스티커를 붙이는 거예요. 여행지도는 지역별로 유명한 산, 공원, 박물관을 비롯하여 추천 음식까지 나와 있어 다음 여행지를 고르는 데도 도움이 됩니다. 아이가 좀 더 자라면 계절별 전국 축제 지도를 활용해서 우리나라의 다양한 축제를 즐기고 싶어요.

꼭 멀리 가야 여행이 아닙니다. 새로운 경험과 감정이 쌓이면 아주 좋은 여행이에요. 대학교 2학년 여름, 친구들과 떠난 여행에서 느꼈던 경이로움이 지금도 생생합니다. 강원도에서 나고 자란 저는 도로를 달릴 때마다 늘 산과 논을 함께 봤는데 그곳엔 논이 끝도 없이 펼쳐져 있었어요. 책에서만 봤던 다도해를 눈으로 확인했을 때 저도 모르게 탄성이 나왔습니다. 신선했어요.

아이를 위한 여행이 무엇인지 고민해야 합니다. 모든 것이 갖추어져 있어 놀거리를 찾을 필요가 없는 키즈 풀빌라, SNS에 인증하기 위한 호캉스, 넘치는 인파 속에서 줄을 서야 겨우 들어갈 수 있는 맛집, 이게 진짜 여행일까요? 여행이 교육이 되려면 여행의 본질을 생각해보면 됩니다. 시야를 확장하고 새로운 감각을 일깨우면 그걸로 충분해요.

여덟 살도 먹는 게
제일 중요합니다

한 살에도 여덟 살에도 먹는 게 제일 중요하다고 생각합니다. 모유수유를 할 때도 먹이는 일에 매우 전투적이었어요. 피고름이 나서 아파도 참았습니다. 소문난 모유수유 상담소가 있는 곳이라면 지역을 따지지 않고 마사지를 받으러 갔고, 좋은 모유를 위해 좋은 것만 먹었어요. 그렇게 1년 넘게 모유수유를 했습니다. 제가 이렇게 전력을 다했던 이유는 아이가 작게 태어났기 때문입니다. 1.83kg 미숙아였어요. 어떻게든 '먹여' 살려야겠다는 생각뿐이었습니다.

이유식도 야무지게 챙겼습니다. 어떻게든 골고루, 어떻게든 내 손으로 만들어 먹였습니다. 쉽지 않았어요. 뜨거운 불 앞에서 팔이 떨어져 나갈 것 같은 느낌으로 만드는 것도 어려웠지만 그렇게 만든 걸 아이가 잘 먹지 않으면 정말 괴로웠습니다.

나중에야 알았어요. 모유수유는 6개월이 적당하다는 것(아이가 저혈당으로 병원에 입원한 적이 있는데 그때 의사 선생님께서 그렇게 말씀하셨어요)과 시판 이유식이 정말 잘 나온다는 것. 조금 억울한 마음도 들었어요. 그런데요. 결과적으로 아이는 미숙아였다는 사실이 무색하게 잘 크고 있고 먹는 것을 즐깁니다.

아이가 초등학교에 입학하면서도 '아침밥은 나의 사명이다'라는 생각을 고수했어요. 큰 어려움은 없었습니다. 아이는 일찍 일어나는 게 습관이 되어있었고 편식이 없었기에 주는 대로 잘 먹었어요. 그런데 제주 한 달 살이를 다녀온 후 아침식사 시간은 그야말로 전쟁이 되었습니다. 40분을 앉아있어도 밥 반공기를 못 먹었어요. 옆에 있으면 애가 타서 차라리 안 보고 싶었습니다. 왜 그럴까 곰곰 생각해보니 제주에서 한 달 동안 늦은 시간까지 놀면서 간식을 먹었고 아침에는 늦게 일어나 아침 겸 점심을 먹는 일이 많았습니다.

몇 년 동안 공들인 습관이 한 달 만에 와르르 무너지니 기가 찼어요. 다그치고 강요하면 부정적 감정이 생길까 봐 티도 못 냈습니다. 처음에는 깔끔하게 버렸어요. "어제보다 많이 먹었네. 잘했다." 하면서요. 그래도 좀처럼 나아지지 않았습니다. 아이가 좋아하는 들기름을 듬뿍 넣어 주먹밥을 만들어 먹여보았어요. 아주 조금 나아졌습니다. 전날 저녁에 미리 채소를 다져놨다가 아침에 죽을 끓여주기도 하고, 타이머를 맞추며 "이 시간 동안만 먹는 데 집중해서 맛있게 먹어보자" 하기도 했어요. 저녁을 평소보다 일찍 먹이거나 저녁식사 후에 줄넘기를 해서 '배고픈' 아침을 유도해보기도 했습니다.

돌아보니 참 많은 노력을 했네요. 그만큼 아침밥은 중요하다고 생각했습니다. 아이의 문제는 음식을 넘기는 데 있었어요. 밥을 입에 물고 안 씹는다는 고민은 들어봤어도, 잘 씹었는데 못 넘긴다는 소리는 못 들어봤는데 우리 아이가 넘기질 못하는 겁니다. 그러니까 땃청을 부리느라 밥을 안 먹는 게 아니라 '씹고 넘기는' 행위 자체에 어려움을 겪고 있었어요. "엄마, 어떡해! 밥풀 하나 안 씹고 넘겼는데 괜찮아?"라고 물을 정도였으니까요.

아이의 불안을 알고 나니 마음이 아팠어요. 어느 날은 아침식사 후 양치를 하는데 보니까 세면대에 잘게 부서진 음식물이 가득했어요. 넘기지 못하고 아이 입속에 남아 있던 음식들이 시간에 쫓겨 그곳으로 쏟아진 거죠. 하지만 제가 먼저 포기하지는 않았습니다. 수프나 미숫가루처럼 씹지 않고 부드럽게 넘기는 음식을 준비할까 생각도 했지만 그럴수록 더 연습시켰어요. 매일 조금씩 나아졌습니다. 원래의 속도대로 자연스럽게 씹고 넘기기까지 꼬박 한 달이 걸리더라고요.

누구나 내 아이 음식에 관한 몇 가지 고집이 있습니다. 한 선배는 아이에게 절대 '하드'를 먹이지 말라고 했어요. 하드는 나무막대가 꽂혀 있는 아이스크림을 가리킨 말이에요. 아이가 정 먹고 싶어 하면 아이스크림 전문점에 가서 퍼먹는 아이스크림을 사주라고요. 아이 친구 엄마는 달걀을 고르는 기준이 엄격했어요. 자연방사, 무항생제, 동물복지, 유정란만 먹인다고 했습니다.

저는 "이 세 가지만은 안 된다" 하는 게 있어요. 바로 시리얼, 백미

밥, 음료수입니다. 아이 어릴 때 《상위 1% 두뇌를 만드는 집밥의 힘》 (SBS스페셜 제작팀, 리더스북, 2011)이라는 책을 읽고 이 고집이 생겼어요. 물론 예외는 있습니다. 호텔 조식 뷔페에 가면 시리얼은 꼭 있고, 외식하면 대부분의 식당은 백미밥이 나와요. 아이가 친구와 놀이터에서 놀다 친구 엄마가 음료수를 사주면 거절할 재간이 없습니다. 이럴 땐 정말 어쩔 수 없어요. 하지만 내가 내 돈으로 시리얼이나 음료수를 사서 집안에 쟁여놓지 않습니다. 밥은 꼭 잡곡밥으로 지어요. 매 순간 좋은 음식만 먹이기란 현실적으로 힘들어요. 엄마도 아이도 지칠 수 있습니다. 다만 나만의 고집 두세 가지는 버리지 않았으면 좋겠어요.

열심히 해도 티 안 나지만 조금만 소홀하면 확 티 나는 집안일, 그중에서 어떤 게 제일 힘드신가요? 저는 잘할 수 있지만 안 하는 게 있어요. 바로 설거지와 청소입니다. 반면에 정말 잘하고 싶지만 못 하는 건 요리입니다. 요리가 취미인 사람들, 대충해도 손맛이 좋은 사람들 보면 그저 신기해요. 아무리 노력에도 요리에는 취미가 붙지 않았습니다. 레시피를 보면서 지난번과 똑같이 계량해도 같은 맛이 나지 않았어요. 요리책을 잔뜩 빌려다 따라 해보고 내가 만든 요리를 사진 찍어 SNS에 올리면 잠깐 재미를 느꼈다가 금방 또 시들해졌어요. 결국, 실패 확률 적은 몇 가지 음식들이 돌림노래처럼 식탁에 오르고 또 올랐습니다.

요리 못하는 엄마지만 요리의 끈을 놓지는 않았어요. 집 근처에는 반찬가게가 자꾸만 새로 생겼고 마트에 가면 다종다양한 밀키트가 눈길을 끌었지만 어쨌든 우리 집 밥솥과 인덕션은 저와 함께 쉼 없이 일했습니다. 남편은 때때로 외식을 종용하기도 했어요. "음식 재료가 남지 않으니까 더 깔끔하고 비용도 합리적이다."라며 저를 유혹했습니다. 물론 외식이 편합니다. 맛은 말해 뭐해요. 그래도 '평일 저녁은 집밥, 주말에는 외식' 이렇게 마음먹었어요. 포스트잇에 월요일부터 금요일까지 저녁 식단표를 미리 짜서 적어두면 '오늘 저녁은 마땅한 게 없는데 외식이나 할까' 하고 즉흥적으로 나가는 일은 없었습니다.

먹는 일에 있어 엄마의 노력만큼 중요한 것은 아이의 마인드입니다. 좋은 음식을 골고루 잘 먹는 게 얼마나 중요한지 알고 평소에 꾸준히 실천해야 해요. 학교 앞에서 아이들을 유혹하는 게 꼭 있습니다. 바로 솜사탕 트럭과 분식집 앞에서 빙글빙글 돌아가는 색색의 슬러시 기계. 저는 단호하게 그 두 가지는 사줄 수 없다고 잘라 말했어요. 둘 다 위생적으로 매우 문제가 있어 보였고, 그 안에 든 색소는 생각만 해도 끔찍했습니다. 아이는 고맙게도 수용해주었어요. 친구들이 손에 솜사탕 하나씩, 슬러시 한 컵씩 들고 가는 것을 볼 때마다 얼마나 먹고 싶었을까요. 아이가 욕구불만이 생기지 않도록 집에서 건강한 간식거리를 부지런히 챙겨주었습니다.

아이와 1박 2일 여행을 갔는데 근처에 마땅히 먹을 게 없어 아침은 쿠키, 점심은 도넛을 먹었어요. 먹을 땐 맛있게 먹더니 다 먹고 나서 "엄마, 저녁엔 꼭 밥을 먹고 싶어." 하더라고요. 저녁에 밥을 준비해주니 "역시 밥이 최고야. 그중에서 엄마 밥이 제일 맛있다니까." 하는 겁니다. 대단한 반찬도 아니었어요. 달걀프라이와 김, 청경채나물이었어요.

친구들이랑 노는데 어떤 김밥을 제일 좋아하는지 묻고 답하더라고요. 누구는 치즈김밥이 좋다 하고, 누구는 소시지김밥이 좋다 하는데 딸아이는 "우리 엄마가 만들어준 김밥은 다 맛있는데? 참치김밥도 맛있고 어묵김밥도 맛있고 다 맛있어." 하는 겁니다. 나중에 그 친구들 초대해서 신나게 김밥 말아줬어요. 곧 치킨과 피자가 더 맛있다고 하는 날이 오겠지만 적어도 아이 어릴 때는 엄마가 해준 밥이 아이의 몸도 마음도 건강하게 키운다는 것을 믿어요.

수면교육은 아기 때만
하는 게 아닙니다

딸아이는 유난히 잠투정이 심한 아기였어요. 낮잠 한 번 재우기가 너무 힘들어서 별의별 시도를 다 했습니다. 유모차 바퀴를 닦아 집 안에서 유모차를 끌고 다니고 아기띠에 안은 채로 소파에 기대앉아 재우기도 했어요. 잘 재우는 게 우리 부부의 가장 큰 고민이었고 수면교육과 관련해서는 정말 많은 정보를 찾아보았습니다. 그런데 수면교육은 아기 때만 필요한 게 아니에요. 부모가 말로만 "들어가서 일찍 자. 일찍 자야 키 큰다." 하고는 거실 불을 환히 켜놓고 텔레비전을 보고 있으면 안 됩니다. 온 가족이 다 같이 일찍 자는 분위기를 만들어야 해요. 저처럼 아이가 잠들면 다시 이불 밖으로 나오더라도 말입니다.

2022년 7월, 미국 메릴랜드대 의대 왕저 교수팀이 의학저널 '랜싯

어린이 & 청소년 건강'에 밝힌 연구결과가 있습니다. 초등학생들의 수면시간과 뇌 발달 등을 2년간 추적 분석한 결과 수면시간이 하루 9시간 미만일 경우 인지적 어려움과 정신적 문제를 겪는다는 것입니다. 잠이 부족하면 뇌의 구조에 영향을 미쳐 기억과 문제해결, 의사결정 등 인지 기능의 어려움과 우울증, 불안, 충동 장애 같은 정신건강 문제를 불러일으킨다고 해요.

과학적 연구결과가 아니더라도 수면 부족이 일으키는 문제는 생활 속에서 충분히 관찰 가능합니다. 우선 아이들이 잠을 푹 못 자면 아침밥을 제대로 못 먹어요. 밥보다는 잠을 자겠다는 아이와 실랑이하느라 식사시간이 부족한 것은 물론이고 겨우 깨워서 밥상에 앉았다 해도 밥 먹는 게 고역입니다. 그렇게 식사를 건너뛰거나 대충 때운 아이들은 학교에 와서 집중을 못 합니다. 신체활동을 할 때 기운이 없고 국어, 수학 공부를 할 때도 배가 고프다며 시계를 들여다보기 일쑤입니다. 점심시간만 기다렸다가 밥을 급하게 많이 먹어요. 그렇게 먹은 밥은 소화 기능을 떨어뜨리고 비만으로 이어집니다. 비만의 원인은 다양하지만, 수면습관과 식습관이 중요한 비중을 차지해요.

제가 초등학생의 수면과 관련해서 깜짝 놀란 경험이 몇 번 있습니다. 6학년 담임을 할 때인데 한 아이가 학교에 오지 않는 겁니다. 평소에도 지각이 잦은 편이라 또 지각인가 했어요. 9시가 넘어 전화하면 "지금 가고 있어요." 할 때가 많았습니다. 그런데 그날은 전화기가 꺼져 있었어요. 보호자에게 아무리 전화를 해도 안 받고, 문자를 남겨도 답이 없습니다. 늦은 오후가 되어서야 연락이 닿았는데 아이가 아침까지 휴대전화를 하다가 잠들어서 알람도 못 듣고, 보호자가 아이한테 계속 전화를 하다 휴대전화가 꺼져버린 겁니다. 알고 보니 평소에 지각을 자주 하는 이유도 휴대전화를 하다 늦게 자기 때문이었어요. 학교에 안 가는 전날 밤인 금요일, 토요일에는 으레 새벽 두세 시까지 잠을 자지 않는다고 합니다. 굳어버린 수면 습관, 쉽게 고쳐질까요? 휴대전화를 없애지 않는 이상 아마 힘들 거예요.

아이들이 침실에 스마트폰을 가져가지 않도록 해야 합니다. 자기 전에 스마트폰을 하는 것은 생체리듬을 깨뜨리고 수면의 질을 떨어뜨립니다. 어두운 환경에서 스마트폰이 내뿜는 자극적인 빛에 노출되면 눈 건강에도 해로워요. 안구건조증과 시력 저하는 물론 심하면 실명의 위험까지 있다고 합니다. 지인의 자녀는 스마트폰을 거실에 두고 자기로 약속을 했는데 부모님이 잠들 때까지 기다렸다가 몰래 나와서 가져 갔다고 해요. 그래서 몇 번 크게 갈등을 일으켰다고 합니다. 스마트폰에 대한 아이의 간절함이 오죽했으면 그랬을까요? 또 그렇게 몰래 보는 것에 성공했을 때 얼마나 짜릿했을까요? 하지만 생각해보세요. 아이가 다음날 학교에 가서 공부에 쏟을 에너지가 남아 있을까요?

저희 집은 8시 반까지 잘 준비를 모두 마치고 아이 방으로 들어갑니다. 한 시간 정도 책을 읽고 불을 꺼요. 불을 끈 상태에서 스킨십과 잠자리대화를 하다가 늦어도 10시 전에는 아이가 잠이 듭니다. 그런데 아이 친구가 집에 놀러 왔는데 9시가 넘도록 집에 안 가는 겁니다. 초대한 입장에서 제가 먼저 "우리 애는 일찍 자야 하니까 그만 가주세요."라고 말할 수도 없는 노릇이고 가끔 그런 날도 있어야지 하며 그냥 신나게 놀게 두었어요. 친구가 가고 나면 피곤해서 금방 잘 줄 알았는데 아니었습니다. 흥분 호르몬인 아드레날린이 많이 분비되었는지 계속 뒤척이며 쉽게 잠들지 못하더라고요.

또 한 번은 아이의 유치원 시절 친구가 놀러 왔을 때 일입니다. 부모끼리도 아는 사이라 즐거운 시간을 보냈어요. 잘 시간이 되니까 아이들은 둘이서만 자겠다고 했습니다. 이 얼마나 반갑고 고마운 소리인가요. 그러라고 문을 닫아주고 어른들끼리 이야기꽃을 피웠어요. 시간 가는 줄 모르고 웃고 떠들다가 자리를 정리하고 아이들은 잘 자는지 한 번 들여다봤는데 글쎄 아이들이 아직 안 자는 겁니다. 그때 시각이 새벽 1시였어요. 시간도 너무 늦었고 조용해서 당연히 잠든 줄 알았습니다. 그런데 어른들에게 들킬까 봐 조용조용 말하면서 둘이 논 거예요. 저는 이 두 번의 경험으로 크게 깨달았어요. 아이가 하루 평균 10시간 정도를 자는데 원래 잠이 많은 게 아니라 그동안 저희가 아이의 잠을 잘 유도했다는 사실을 말입니다.

새벽까지 잠을 못 잔 아이는 다음 날 말도 못 하게 예민했어요. 작은 일에도 신경질을 부리고 머리가 몽롱한지 말도 두서없이 했습니다. 안 되겠다 싶어 낮잠을 재웠어요. 낮잠 졸업한 지가 한참인데 어쩔 수 없었습니다. 푹 자고 나면 괜찮을 줄 알았는데 아이는 잠에 취해서 저녁밥도 먹는 둥 마는 둥 하더니 늦은 밤이 되어서야 쌩쌩해졌어요. 당연히 평소 잠자던 시간보다 늦게 잤고 원래의 건강한 수면 패턴으로 돌아오기까지 며칠이 걸렸습니다. 식습관과 마찬가지로 수면습관도 만들기는 어렵고 오랜 시간이 걸리는데 무너지는 건 한순간이더라고요.

제가 실천한 건강한 수면 교육 방법 몇 가지만 알려드릴게요. 첫째, 잘 자는 것이 얼마나 중요한지에 대해 평소에 충분한 대화를 나눕니다. 영어, 수학 공부만 공부가 아닙니다. 아니 어쩌면 1학년에게는 영어, 수학 공부보다 더 중요합니다. "일찍 자라. 그래야 내일 일찍 일어나지."가 아니라 충분히 잘 자는 것이 우리 건강과 학습에 어떤 영향을 끼치는지 잘 알고 이해할 수 있도록 도와주세요. 전문가의 의견이나 통계 자료를 이용하여 아이를 설득시켜야 합니다. 엄마의 잔소리로만 느끼지 않게요.

둘째, 온 가족이 일찍 하루를 마무리하는 분위기를 만듭니다. 저희는 평일에 외식을 거의 하지 않아요. 식당에 오가는 시간과 음식을 기다리는 시간까지 더해지면 당연히 하루의 끝이 늦어집니다. 남편 퇴근 시간에 맞춰 아이는 숙제를 마무리해놓고, 저는 저녁 준비를 마칩니다. 저녁을 먹고 나서 씻고 30분 정도 놀면 거실 불은 끄고 아이 방에 들어가는 거예요. 늦은 시간까지 텔레비전을 보는 사람도 없고 밀린 집안일을 하는 사람도 없습니다. 오늘 못한 집안일은 내일로 미뤄요.

셋째, 상쾌한 아침을 만드는 우리만의 의식이 있습니다. 아이를 꼭 안은 채로 귀에다 속삭입니다. "엄마가 오늘 아침밥 뭐 준비했을까?", "오늘 학교 끝나고 엄마랑 뭐 하고 놀까?" 아이가 듣기만 해도 솔깃한 이야기를 해요. 그날 하루에 대한 기대를 품게 합니다. 그리고는 발과 종아리를 주물러줍니다. "예뻐져라. 길어져라." 주문을 외우면서요. 마지막 말은 항상 이겁니다. "엄마가 먼저 나가서 아침밥 차릴게. 잠 다 깨면 천천히 나와." 그럼 인덕션 전원을 켜기도 전에 아이가 따라 나옵니다.

우리가 보통 꿈을 꾸었다고 느끼는 렘(REM)수면에 대해 한 번쯤 들어보셨을 거예요. 렘수면은 낮 동안 경험했던 뇌 안의 정보들을 정리하고 기억하도록 돕습니다. 아무리 공부를 많이 해도 잠을 푹 못 자면 공부한 내용을 저장하지 못한다는 뜻이에요. 지금 바로 우리 아이의 수면의 양과 질에 신경 써야 하는 이유입니다.

유일하게 잘한 일은
치아 관리

잘 먹고 잘 자는 일 다음으로 제가 중요하게 생각한 것은 바로 건강한 치아를 유지하는 일입니다. 매일 흔들리고 후회하는 육아의 일상 중에 유일하게 잘한 일이 있다면 치아 관리를 열심히 한 거예요. 제가 유전적으로 잇몸이 약해 고생을 많이 했고 치과에서 치료를 받을 때마다 정말 고통스러웠어요. 한 번 망가진 치아는 되돌리기 어렵잖아요? 놓치면 정말 후회하는 1순위가 바로 치아 관리입니다. 아이는 평소에 열심히 관리해서 초등학교 입학 전까지 충치 치료를 한 번도 받지 않았어요. 제가 전문가는 아니지만, 엄마로서 생활 속에서 실천 가능한 작은 팁을 공유해보고자 합니다.

일단 외출할 때 꼭 치약, 칫솔을 챙겨갔어요. 1박 2일 여행뿐만 아니라 잠깐의 나들이에도 빼먹지 않았습니다. 밥이나 간식을 먹으면 화장실을 찾아 칫솔질을 했습니다. 백화점 화장실에는 가끔 직원들이 칫솔질을 하기도 하지만 놀이공원 화장실이나 고속도로 휴게소 화장실에서는 보기 힘든 장면이었지요. 사람들은 어른이나 아이 할 것 없이 이 생경한 장면에 한 번씩 눈길을 주었습니다.

아이는 이 시선을 부담스러워했어요. 어르신들은 간혹 기특하다며 엉덩이를 두드려주셨고 또래 아이들은 눈을 동그랗게 뜨고 빤히 쳐다봤습니다. 그때마다 아이를 듬뿍 칭찬해주었어요. "음식을 먹고 곧바로 이를 닦는 건 이상한 일이 아니라 당연한 일이야. 사람들이 쳐다보는 걸 잘 견뎌내는 건 정말 멋진 일이고." 사실 이렇게 곧바로 이를 닦는 습관은 남편한테 배웠어요. 저는 칫솔질을 꼭 하긴 했지만 '곧바로' 하지는 않고 이런저런 딴 일을 하다 나중에 하는 경우도 많았거든요. 하지만 남편은 숟가락을 내려놓는 그 순간 바로 화장실로 가서 칫솔을 들었습니다.

집에서야 밥 먹고 이 닦는 게 쉽지만, 밖에서는 어려웠어요. 화장실을 찾기도 어렵고 어떤 화장실은 너무 좁아서 사람들을 피해 구석진 곳으로 가서 칫솔질을 하기도 했거든요. 아이도 저도 불편했지만, 이 습관을 포기하지는 않았습니다. 장기적으로 봤을 때 충치 치료에 드는 돈과 시간을 아끼는 길이라고 생각했어요. 《오늘도 이 닦으며 천만 원 법니다》(넥서스, 2022)의 김선이 치과위생사의 말에 따르면 실제로 치아에 음식물이 닿아 있는 시간이 길어질수록 충치가 생길 가능성이 커진다고 해요.

초등학교에 입학하면서 이 '곧바로' 칫솔질이 조금 어려워졌습니다. 아이가 방과후학교 프로그램에 참여하면서 오후 3시에 끝나는 날도 있었고, 학교 끝나고 놀이터에서 친구들과 놀다가 바로 학원에 가는 날도 있었어요. 어느 날 칫솔질을 해주는데 어금니에 검은 점이 보입니다. 설마설마했는데 충치였어요. '드디어 올 것이 왔구나!' 아이도 저도 걱정을 많이 했는데 다행히 첫 충치 치료를 잘 견뎌냈습니다. 그 이후로는 학원 가방에 치약, 칫솔을 챙겨갔어요. 학원 건물 화장실에서 친구들의 시선을 기쁘게 참아가며 충치를 예방했습니다.

또 하나 아이와 지킨 규칙은 간식을 먹는 순서입니다. 과자, 캐러멜, 젤리 등 달달한 간식을 아예 안 먹는 건 불가능했어요. 대신 과자를 먼저 먹고 과일을 나중에 먹도록 했어요. 과자를 먹고 나면 치아에 끈적끈적한 것이 달라붙습니다. 엄마의 힘으로 아무리 칫솔질을 해도 떨어지지 않아요.

오레오 같은 검은색 과자를 먹고 거울에 입속을 비추어보신 적 있나요? 아마 깜짝 놀라실 겁니다. 어금니에 새까맣게 과자 찌꺼기가 붙어있어요. 아이에게도 한 번 보여줬더니 "으악"하고 비명을 지르더라고요. '이 상태로 칫솔질을 안 한다면? 만약 그대로 잠들어 버린다면?' 상상만 해도 끔찍합니다. 과자를 먹은 후에 과일을 꼭꼭 씹어 먹으면 과자 찌꺼기가 어느 정도 떨어져요. 아이도 직접 눈으로 확인하고 난 후에는 이 순서를 꼭 지킵니다. 아이가 아침식사를 하는 동안 제가 미리 과일을 손질해서 준비해주는데요. 과일을 한참 맛있게 먹다가 "아, 맞다! 엄마, 오늘 아침에 과자 먹을 시간 있어요?" 하고 물어요. 시간이

가능하면 과자를 먼저 먹고 나머지 과일은 나중에 먹으려는 것입니다.

그리고 웬만하면 칫솔질은 제가 해주었습니다. 다른 건 몰라도 칫솔질과 책 읽기만큼은 "이제 네가 한 때도 됐잖아."라고 말하지 않았어요. 칫솔질을 자기주도성과 연관 짓지 않았습니다. 자기주도성은 정말 중요해요. 그런데 칫솔질 말고도 자기주도성을 길러줄 수 있는 분야는 많이 있습니다. 책가방 챙기기, 숙제하기, 이불 정리하기, 밥 스스로 먹고 뒷정리 하기 등 셀 수 없이 많아요. 칫솔질은 치아 건강과 직결되고 한 번 망가지면 고통이 따르죠. 그래서 아이에게만 맡겨두지 않았습니다.

물론 너무나 힘들었어요. 하루에 네 번, 다섯 번 하는 날도 많았으니까요. 코로나 때문에 외출이 어렵던 시절, 아이와 온종일 집에 있다 보니 "손에 물이 마를 새가 없다."라는 어른들 말씀을 이해하게 되었어요. 밥 차리고, 설거지하고, 과일 깎고, 아이 씻기고. 주방에 걸려있던 손 닦는 수건이 온종일 축축했습니다. 그중에 아이 칫솔질도 포함되어 있었지요. 힘들지만 아이의 성장을 위해 건강한 밥상을 차려내듯 소중한 치아를 위해 제가 해줬어요. 어린아이의 조작능력으로 구석구석 꼼꼼히 닦기란 매우 어렵습니다.

특히 자기 전에 하는 칫솔질은 꼭 제가 해줬습니다. 일명 '밤치카'에는 두 가지 과정이 추가됩니다. 바로 치실질과 가그린입니다. 어느 날은 이 과정이 얼마나 걸리는지 시간을 재어봤어요. 10분 정도 걸리더라고요. 그나마 아이가 아무 말도 안 할 때 걸리는 시간입니다. 엄마랑 눈만 마주치면 종알종알 이야기를 쏟아내고 싶은 아이가 칫솔질할 때만 꾹 참아주지 않아요. 중간중간 그 얘기까지 들어주면 시간이 더 오래 걸리기도 합니다. 물론 "이거 다 하고 얘기하자. 기다려준 만큼 엄마가 더 잘 들어줄게." 하는 잔소리도 잊지 않아요.

집마다 간식을 보관하는 공간이 있지요? 아이들이 하루에도 몇 번씩 열어보는 그곳이요. 열 때마다 무얼 고를까 얼굴이 환해지는 그곳 말입니다. 저희 집은 냉장고 바로 옆에 있는 수납장인데요. 열어보면 두세 종류의 과자와 미숫가루, 김, 커피가 있습니다. 과자를 한꺼번에 많이 사서 쟁여놓지 않아요. 하나를 다 먹으면 다음 과자를 채워놓습니다. 그러다 보니 가끔 텅 빌 때도 있고 하필이면 그때 친구가 놀러와 난감할 때도 있어요. 캐러멜과 젤리는 돈 주고 사본 적이 없어요. 어금니의 씹는 부위로도 부족해 잇몸과 앞니에까지 달라붙는 그 강력한 접착력을 생각하면 도저히 살 수가 없었습니다. 내 돈 주고 안 사도 집에는 늘 캐러멜과 젤리가 있더라고요. 학교에서, 학원에서, 놀이터에서 받아오니까요.

가장 중요한 건 정기적으로 전문가의 도움을 받는 것입니다. 6개월에 한 번씩 꼭 치과에 가서 검진을 받아요. 불소도포도 하고요. 내 치아 때문에 치과에 가는 것도 싫지만 아이 치아 때문에 치과에 가는 건 어쩐지 더 괴롭습니다. 마치 숙제 검사받는 기분이에요. 다행히 지금까지는 무난하게 통과한 것 같아요. 앞으로도 치과 검진 후에 "그러니까 엄마가 칫솔질 제대로 하랬지!", "그러니까 엄마가 과자 좀 적당히 먹으랬지!" 소리 안 하려면 엄마가 더 부지런해져야겠어요.

아이랑 온종일 함께 있어도 눈을 맞추는 시간은 생각보다 짧아요. 나란히 걷고, 나란히 앉는 건 많은데 마주 볼 일은 많지 않습니다. 칫솔질할 때만큼은 온전한 눈 맞춤이 가능해요. 저는 욕조에 걸터앉고 아이는 플라스틱 의자에 앉습니다. 제가 아이 입속을 구석구석 진지하게 들여다보며 칫솔질을 하고 있으면 어느새 아이 눈이 제 눈을 들여다보며 웃고 있어요. 그럼 저도 아이 눈을 들여다봅니다. 오른손으로 칫솔질을 하면 아이가 제 왼손을 잡고 조물조물 주무르고 있어요. 우리만의 이 스킨십이 참 좋아요.

책을 좋아하는 아이로 키우세요

읽기독립, 꼭 해야 할까요? 아이가 정해진 시간에 정해진 장소에서 스스로 책을 읽는다면 엄마가 얼마나 편할까요? 새로운 책이 많은 장소에 데려다주기만 하면 혼자 책에 푹 빠져드는 모습, 상상만 해도 아름답습니다. 그런데 아쉽게도 딸아이는 아직 읽기독립을 못 했어요. 아이는 꼭 저에게 읽어달라고 합니다.

한글을 능숙하게 읽고 쓸 줄 알아도 책을 읽는 행위는 아이에게 꽤 어렵습니다. 한글도 읽고 내용도 이해해야 하니까요. 엄마가 한글을 읽어주면 아이는 자신의 에너지를 내용 이해에만 집중할 수 있습니다. 그래서 더 쉽게 이해해요.

잠자리 독서를 끝내고 불을 껐는데도 잠이 안 오는 밤이면 딸아이는 "엄마, 재미있는 얘기 해주세요."라며 졸라대요. 그럼 저는 그날 낮에 제가 읽었던 어린이책을 기억나는 대로 들려줍니다. 딸아이는 다음 날 아침에 일어나자마자 책장에서 그 책부터 찾아요. "이건 엄마가 6학년 언니·오빠들 추천해주려고 읽은 건데. 너한텐 너무 길어." 그래도 아이는 물러설 생각이 없습니다. '그래, 네가 언제까지 집중해서 듣나 보자.' 하는 심보로 읽어주기 시작합니다. 솔직히 말하면 클레이나 그림 그리기보다 누워서 책 읽어주기가 더 편하기도 하고요. '조금 듣다가 딴 거 한다고 가겠지.' 했는데 웬걸요. 2장, 3장 넘어갈 때까지 꼼짝없이 누워서 이야기에 빠져듭니다. 인물의 성격, 사건의 분위기까지 다 파악하고 있어요. 이해력이 뛰어나서가 아닙니다. 내용 파악에 자신의 모든 에너지를 쏟았기 때문이에요. 그렇게 《어린 여우를 위한 무서운 이야기》(크리스천 맥케이 하이디커, 밝은미래, 2020), 《사자와 마녀와 옷장》(C.S.루이스, 시공주니어, 2018) 등 초등학교 고학년이 읽기에도 다소 벅찬 이야기책을 일곱 살에 읽었습니다. 아니, 들었어요.

먼 길을 여행할 땐 꼭 차에서 책을 읽어주는데요. 아이랑 책 이야기를 나누면 남편이 꼭 끼어들어요. '운전하느라 힘들어서' 혹은 '아이들 책에 별 관심이 없어서' 안 들을 것이라고 생각했는데 다 듣고 있었던 겁니다. 이야기를 듣는 건 다 큰 어른도, 초등학교 고학년 아이들도, 1학년도 모두 좋아해요. 그러니 주저 말고 듬뿍 읽어주세요.

읽어주다 보면 아이가 중간중간 기발한 질문도 참 많이 합니다. 한글 읽는 데 소모되는 에너지가 없으니 내용을 파악하고 나아가 새로운 생각도 활발해지는 겁니다. 《사자와 마녀와 옷장》(C.S.루이스, 시공주니어, 2018)을 듣다가 아이는 갑자기 이런 질문을 했어요. "엄마, 엄마 생각에는 숲속에 하얀 마녀 편이 더 많은 것 같아? 하얀 마녀 반대편이 더 많은 것 같아?" 정말 생각지도 못한 질문이었습니다. 들으면서 장면을 상상하고 분위기를 파악하니 나름의 궁금증이 폭발하는 겁니다.

그림책 《세상에서 가장 멋진 내 친구 똥퍼》(이은홍, 사계절, 2007)를 읽을 때는 "엄마, 옛날에 여자들은 공부 못했다면서 얘는 왜 여기 있어?"라는 질문을 했어요. 저는 '진정한 친구란 무엇인가?'에만 초점을 맞추고 있었는데 아이는 다양한 방향으로 궁금증을 뻗어 나갔던 겁니다. 세상만사 심드렁한 어른과 달리 세상에 관한 관심과 호기심으로 가득 찬 아이의 질문이 얼마나 참신한지요. 어느 날 문득 그런 생각이 들더라고요. 함께 읽는 시간이 없었더라면 우리에게는 기다림, 재촉, 짜증, 잔소리, 그런 것들만 있지 않았을까. 1학년, 읽기독립 못 해도 아니 안 해도 괜찮아요.

소리 내어 읽어주기의 필요성, 함께 읽기의 즐거움을 충분히 아는데도 가끔 맥이 끊길 때가 있어요. 이를테면 집안에 큰일이 있어 신경을 바짝 곤두세운다거나 며칠 유난히 피곤하다거나 하는 그런 때 말입니다. 저는 상황에 관계없이 아이의 독서습관을 다지기 위해 두 가지 방법을 활용했어요. 하나는 읽은 책의 목록을 기록하는 것입니다. 양식은 간단해요. 아이들 공책에 세로줄 네 개를 긋고, 왼쪽부터 날짜, 순번, 책 제목, 지은이, 출판사를 쓰면 됩니다. 아이 여섯 살 즈음부터 제가 쓰기 시작했어요. 처음 시작은 저 자신을 위해서였어요. 귀찮고 힘들어도, 하루에 한 권이라도 꾸준히 읽어주려고요. 그리고 이 공책은 아이에게 공개하지 않있습니다. 혹여나 '많이' 읽기에만 집착할까 봐서요.

1학년 2학기부터는 아이에게 직접 쓸 것을 제안했어요. 아이가 공책을 보고 내뱉은 첫 마디는 "이걸 언제 다 쓴 거야?"였습니다. 그때 조금 뿌듯했어요. 뭔가 서프라이즈 선물을 한 것 같았습니다. '네가 잠든 후에도, 네가 모르는 사이에도 엄마는 널 위해 이만큼의 노력을 하고 있었다.'를 보여주는 느낌이랄까요. 하루하루는 별거 아니었지만 그게 모이니 엄청나더라고요. 방법을 알려주니 금방 스스로 썼어요. 쓰면서 "엄마, 근데 이거 왜 쓰는 거야?" 하고 묻습니다. 순간 당황해서 "네 독서습관 잡아주려고."라는 말은 못 했어요. "음, 네가 지금까지 어떤 책을 읽었는지 한눈에 볼 수 있고 앞으로는 어떤 책을 더 읽을까 생각해 볼 수도 있고." 그렇게 얼버무렸어요. 그날부터 저는 이게 뭐가 또 좋을까 찾기 시작했습니다.

좋은 점은 생각보다 많았습니다. 일단, 1학년이 어려워하는 맞춤법과 띄어쓰기를 자연스럽게 익힐 수 있었어요. 이 두 가지는 읽는 것만으로는 안 됩니다. 직접 써봐야 해요. 또한 569, 570, 571 ⋯ 번호를 매기다 보니 큰 수를 쉽게 다루었어요(세 자릿수는 교육 과정상 2학년 1학기에 등장합니다). 무엇보다 가장 좋은 것은 아이가 작가와 출판사에 관심을 갖기 시작했다는 겁니다. "어? 엄마! 이 사람 전에 읽었던 그 책 작가님이잖아.", "엄마! 이 출판사 전에도 봤는데." 고학년 독서감상문 지도를 하다 보면 책표지에서 작가와 출판사를 못 찾는 아이들을 많이 만납니다. 어른들은 당연히 아는 것도, 아이들은 해보지 않으면 어려워해요. 어릴 때부터 꾸준히 읽은 책의 목록을 쌓아가다 보면 어느새 아이가 선호하는 작가와 출판사도 생기겠지요.

학교도서관을 적극적으로 활용하는 것도 아이의 독서습관 형성에 큰 도움이 됩니다. 저는 원래 동네도서관을 애용했어요. 할아버지, 할머니 모바일 회원증까지 제 휴대전화에 담아 7권씩 5명, 총35권을 빌려 수레에 싣고 왔습니다. 반납일이 가까워져 왔는데 다 못 읽으면 어쩐지 조바심이 나서 읽고 대화하기보다 읽는 데만 치우치기도 했고, 그래도 다 못 읽으면 들인 노력이 생각나 허탈하기도 했어요.

그런데 아이가 학교에 입학하면서부터는 학교도서관에 매일 갔습니다. 운전할 필요도, 무거운 수레를 끌 필요도 없었어요. 학교마다 다르겠지만 딸아이 학교는 학부모에게 책을 5권씩 대출해주었습니다. 가벼운 에코백 하나 들고 하교 시간보다 10분 일찍 가서 그날 읽을 책을 빌려왔어요. 비싼 전집을 사지 않고도 아이의 독서습관을 다졌습니다. 1학년에게 "네가 가서 직접 빌려와."만으로는 부족합니다. 아이는 아이의 대출카드를 이용해 취향대로 고르고, 엄마는 엄마의 대출카드로 좋은 그림책을 다양하게 빌려와야 해요. 책을 좋아하는 아이는 무엇이 다를까요? 공부를 잘할까요? 당연합니다. 교사로서 수년 간 관찰했어요. 하지만 독서의 효과가 당장 눈에 보이는 것은 아니라서 막연할 텐데요.

어느 날 딸아이가 저를 다급하게 부르더니 이렇게 말합니다.

"엄마, 내가 재밌는 얘기해줄게. 옛날 옛날에 엄청 마음씨 착한 부자가 살았는데 그 부자가 돈을 친구들한테 다 나눠줬어. 그다음에 어떻게 됐게?" 그리고는 이야기가 끝도 없이 이어졌습니다. 아이의 상상력과 표현력에 깜짝 놀랐습니다. 저학년은 평가받은 경험, 좌절한 경험이 상대적으로 적어 거침없습니다. 현실의 세계와 상상의 세계를 넘나들며 눈치 보지 않고 재잘거려요. 어떻게 학원 레벨테스트로 그 깊이를, 아름다움을 가늠할 수 있겠어요.

글을 읽고 이해하는 문해력, 낱말을 자유자재로 부려 쓰는 어휘력, 인공지능이 대신할 수 없는 창조적 상상력과 공감 능력까지. 그 바탕에는 무조건 책읽기 습관이 있어요. 아이 혼자 열심히 읽는 시간이 아니라 엄마가 함께 읽고 나누는 시간이 그 습관을 오래 지속시켜줍니다.

1학년 공부에서
엄마의 역할

공부만 잘하는 아이는 없습니다. 요즘 아이들은 공부를 잘하면 운동도 잘하고 인사도 잘하고 친구도 많아요. 공부할 땐 공부하고 놀 땐 놉니다. 다시 말해 자기 관리 능력이 뛰어나요. 자신의 시간과 에너지를 언제 어디에 집중시킬지 분명히 알고, 주변 사람들도 잘 챙깁니다.

학교에서 수년간 아이들을 관찰하고 제 인생의 크고 작은 시험들을 돌이켜보았을 때 공부를 잘하는데 필요한 세 가지는 이겁니다. 첫째, 공부하는 방법을 알아야 해요. 아무리 오래 앉아있어도 잘못된 방법으로 공부하면 효율이 떨어집니다. 고3 때 수능시험을 준비하면서 저는 누구보다 적게 자고 오래 앉아있었어요. 수업시간에는 선생님 말씀에 집중하고 노트필기며 오답노트 만들기며 무엇이든 최선을 다했습니다. 그런데 저는 이 방법들이 잘못되었다는 것을 한참 후에야 깨달았어요. 열심히 듣고 쓰는 게 중요한 게 아닙니다. 많이 읽고 말해봐야 합니다. 《책 한 권이 머릿속에 통째로 복사되는 7번 읽기 공부법》(야마구치 마유, 위즈덤하우스, 2015)에 나온 것처럼 여러 번 읽으면 자연스럽게 내용이 머릿속에 구조화됩니다. 이걸 입 밖으로 꺼내어 말로 설명하면 단단해져요. 저는 교원임용시험에서 이 방법으로 성공했고 그 이후에도 항상 이렇게 공부했습니다.

둘째, 하고자 하는 내적 동기가 있어야 합니다. 누가 시켜서 하는 공부는 오래가지 못해요. 시키는 사람만 괴롭죠. 공부의 의미를 내 안에서 찾아야 재미도 생깁니다. 취준생이라면 한 번쯤 이런 생각을 해봤을 거예요. '내가 고3 때 이렇게 공부했으면 서울대 가고도 남았을 텐데.' 뚜렷한 목표의식과 간절함이 내적 동기를 불러일으키고, 이럴 때 사람들은 무서운 집중력을 발휘합니다.

셋째, 공부를 끝까지 해내는 힘은 결국 체력입니다. 아무리 공부 방법을 알고, 내적 동기가 강해도 체력이 떨어지면 공부에 매진할 수 없어요. 저는 고3 때 동네에서 유명하다는 한의원은 다 다녀본 것 같아요. 허리가 아파서요. 병원에 오가는 시간 동안 공부를 못하니 얼마나 조바심이 났는지 몰라요. 열심히 운동해서 허리 근육을 강화했다면 오래 앉아있어도 끄떡없었을 텐데 말입니다.

공부하는 방법이나 내적 동기는 초1에게는 아직 이릅니다. 줄넘기든 자전거든 꾸준한 운동으로 기초체력을 다지는 건 지금 바로 시작해야 하고요. 그렇다면 초1에게 필요한 것은 무엇일까요?

세상에 대한 호기심, 사물이나 현상에 대한 궁금증이 폭발할 수 있도록 다양한 자극을 주고 알고자 하는 마음을 존중해야 합니다.

"엄마, 나 여기 모기 물렸어."

"지금 추워서 모기 없을 텐데?"

"왜 추우면 모기 없어?"

"모기가 추위를 못 견디고 다 죽어."

"모기는 왜 못 견뎌? 아, 털이 없어서 그렇구나! 그럼 모기가 어떻게 다시 나타나?"

"알에서 깨어나지."

"엄마·아빠도 다 죽고 없는데 어떻게 태어나?"

저는 아이와 이 대화를 나눈 바로 다음 날 도서관으로 달려가서 모기에 관한 그림책들을 잔뜩 빌려왔습니다. 아이는 《앗! 모기다》(정미라, 비룡소, 2012), 《모기가 할 말 있대!》(하이디 트르팍, 길벗어린이, 2017) 등의 책을 통해 모기의 한살이를 이해했어요. 아이는 이걸 공부로 여기지 않았을 겁니다. 궁금증이 해결되어 속이 시원하고 '아는' 기쁨을 누린 거죠.

아이가 한 번 레고 조립을 시작하면 시간 가는 줄 모르고 하다가 다리가 저리다고 하지는 않나요? 놀이터에서 그네를 타거나 해변에서 모래놀이를 할 때 기다리다 지친 적은 없나요? 이게 바로 몰입이고 과제 집착력입니다. 영재들의 대표적인 특성이기도 하죠. 지루함을 먼저 느끼는 것은 언제나 어른들입니다. 한번은 딸아이랑 영어단어 퀴즈놀이를 하는데 처음에는 저도 재미있었어요. 아이가 퀴즈를 맞히는 것도 기특했고 이렇게 재미있는 방법으로 영어단어를 익힐 수 있다면 매일매일도 할 수 있겠다는 마음으로 덤벼들었죠. 아이는 말로도 설명하고, 화이트보드에 그림으로도 그리고, 행동으로도 힌트를 주고, 입 모양으로도 힌트를 줍니다. 방법을 가르쳐주지도 않았는데 참 다양한 시도를 해요. 두 시간쯤 그것만 했어요. 나중에 보니까 60개의 단어 퀴즈를 냈더라고요. '이제 그만할까?' 이 말은 항상 엄마 입에서 먼저 나와요. 아이의 몰입을 방해하지 않는 게 엄마의 역할입니다.

초등학교에 입학하고 1년 동안 문제집은 단 한 권도 사주지 않았습니다. 누군가는 사고력 수학은 최대한 어릴 때 시작해야 한다고 하고, 또 누군가는 연산을 잘해야 수학 자신감이 생긴다고 해요. 우리 아이는 이제 막 연필 잡는 힘이 붙기 시작했는데 국어, 수학 문제집을 척척 풀어내는 옆집 아이를 보면 불안감이 밀려오기도 합니다. 정말 제대로 푸는 걸까요? 평범한 초1의 문해력은 수학익힘책 문제를 겨우 이해하는 수준입니다. 비슷한 유형의 문제를 파악하여 기계적으로 푸는 것은 진짜 수학 실력이 아니에요.

국어는 학교에서 하는 받아쓰기와 글쓰기만으로 충분합니다. 학교마다 다르겠지만 1학기 말에 그림일기를 배우기 때문에 2학기부터는 그림일기와 독서록을 규칙적으로 쓰도록 지도해주세요. 딸아이는 둘 다 주 1회 써 가는 게 숙제였는데 횟수가 적은만큼 하나를 쓰는 데 공을 들였습니다. 처음부터 방법을 제대로 익혀 자기 생각과 느낌을 잘 표현할 수 있도록 도왔어요. 물론 그 바탕에는 여전히 독서가 있었습니다.

수학은 수학익힘책만 열심히 풀었어요. 틀려도 방법을 알려주지 않았습니다. 틀리면 문제를 큰 소리로 다시 읽고 스스로 풀어볼 수 있도록 했어요. 옆에서 보면 이렇게 쉬운 것을 왜 틀리나 의아하겠지만 문제 풀이 경험이 부족한 초1에게는 어려운 게 당연합니다. 몰라서 틀리는 경우는 없어요. 문제를 다시 읽고 또 읽으면 자신이 왜 틀렸는지 스스로 알게 됩니다. 엄마가 옆에서 알려주면 이해는 하지만 다음에 그 문제를 다시 만나면 또 틀려요.

공부 잘하는 아이들을 보면 수업시간에 집중을 잘하고 자기 주변 정리를 잘해요. 혹시 집에서 뭔가 더 특별하게 하는 게 있나 궁금해서 물어봅니다. 문제집을 많이 풀고 학원을 많이 다니는 게 비법은 아니었어요. 엄마랑 선생님놀이를 한다는 겁니다. 화이트보드 앞에 서서 엄마를 앉혀두고 그날 배운 내용을 설명해준대요. 저는 이게 정말 인상적이었어요. 그래서 아이 어릴 때 다른 장난감은 다 안 사줘도 화이트보드는 아주 큼직한 것으로 샀습니다. 아기 때는 자석놀이를 하고 좀 크면 선생님놀이를 하려고요.

남의 아이 속도를 보면 초조해요. 좋다는 문제집이나 전집을 샀다가 중고마켓에 되판 경험이 있으실 거예요. 학원 앞에서 들어가지 않겠다고 하는 아이와 실랑이한 경험도요. 그러다 보면 어느새 훌쩍 아이가 자라있습니다. 더는 엄마의 설득이 통하지 않는 나이, 바로 사춘기입니다. 엄마가 하라는 대로 하는 사춘기는 더 위험해요. 자기주도성이 없거나 속으로 스트레스를 묵히고 있을 가능성이 있습니다. 어느 순간 폭발하죠. 진짜 중요한 시기, 분명한 내적 동기와 단단한 체력으로 공부에 매진해야 할 시기에 부모와 어긋나면 모두가 괴롭습니다.

아이 앞에서
돈 얘기 꼭 하세요

남편은 안 쓰고 안 삽니다. 운동화는 해질 때까지 신다가 버리고 버려야 새로 사요. 친정엄마가 저희 집 신발장을 열어보시고는 어쩜 이렇게 신발이 없냐고 놀라실 정도입니다. 집에 누가 놀러 오면 '집이 정말 깨끗해요.'라고들 하는데요. 뭘 안사서 그래요. 화분이나 액자도 없고 거실 벽시계는 결혼 전에 제가 쓰던 시계를 그대로 씁니다. 그렇지만 아이의 교육이나 경험에는 아낌없이 투자합니다. 자신만의 경제 철학이 뚜렷해요.

반면에 저는 매번 흔들립니다. 어느 날은 욜로족처럼 '열심히 벌기만 해서 뭐해. 내일 당장 어떻게 될지도 모르는데.' 하면서 네일숍도 가고 필라테스 100회 수강권도 망설임 없이 삽니다. 친구가 명품가방을 들고 오면 잠깐 부럽다가도 '세 달 치 월급은 도저히 못 메고 다니지.' 하고 이내 포기해요. 《딱 1년만 옷 안 사고 살아보기》(임다혜, 잇콘, 2019) 책 제목처럼 2022년에는 옷을 하나도 안 샀습니다. 소비 욕구가 없는 건 아니고 눈으로 보면 사고 싶을까 봐 쇼핑몰에 안 가는 거죠.

대쪽 같은 아빠와 갈대 같은 엄마 사이에서 아이는 어떻게 해야 할까요? 아이가 커가니 막연한 걱정이 늘어갔습니다. 카페에서 중·고등학생들이 5천 원짜리 음료를 주문하는 걸 보면 '아, 저거 다 용돈으로 사 먹을 텐데 대체 한 달에 용돈을 얼마나 줘야 하지? 많이 줘도 친구들보다 부족하다고 투덜대면 어떡하지?' 하는 생각이 들어요. 중·고등학생들뿐만이 아닙니다. 초등학생들도 현금이나 체크카드를 챙겨와 학교 앞에서 슬러시도 사 먹고, 뽑기도 해요. 편의점에서 컵라면과 김밥을 사 먹는 경우도 많고요. '내 아이 용돈은 대체 언제부터 줘야 하지? 얼마나 줘야 하지?' 고민됩니다.

걱정과 고민이 쌓이면서도 아이에게 특별히 경제습관을 길러줘야겠다는 생각은 못 했어요. 막연히 '아빠 엄마가 낭비하지 않고 성실하니 우리 아이도 돈과 관련해서는 별문제 없겠지.' 했습니다. 대책 없는 낙관주의였죠. 그러다 정신이 번쩍 들게 한 책 한 권을 만났어요. 바로 《부의 미래를 여는 11살 돈 공부》(김성화, 코리아닷컴, 2022)입니다. 저자는 경제 감각을 먼저 익히며 성장한 사람과 공부만 하다가 어른이 되어 그제야 처음으로 돈을 대하는 사람의 차이는 엄청나다고 말합니다. 돈을 주체적으로 관리하려면 어려서부터 경제 개념과 경제습관을 차곡차곡 쌓아야 한다고요. 여덟 살, 지금 바로 경제교육을 시작하기로 마음먹었어요.

학교에서 보면 고학년 아이들은 돈 얘기를 많이 합니다.

"연예인 누가 타고 다니는 그 차 얼마짜리잖아."

"거긴 너무 비싸서 우리 엄마가 안 된대."

"우리 아빠가요. 건물주가 최고래요."

그 모습이 퍽 예뻐 보이지는 않았어요. 그래서 저는 내 아이 앞에서 돈 얘기를 하지 말자 다짐했어요. 어떤 일을 선택하는 기준이 돈이 아니었으면 했어요. 돈 얘기는 품위 없다고 생각했습니다. 제 생각이 틀렸어요. 아이에게 돈 얘기를 하는 것은 부끄러운 게 아니라 반드시 해야 하는 부모의 역할입니다.

아이가 여행으로 발레학원을 빠졌어요. 선생님과 보강 시간을 조율했습니다. 그날 친구와 놀고 싶었던 아이는 왜 보강을 해야 하냐고 따지듯이 물었어요. 그전 같으면 '왜긴 왜야. 돈 다 냈는데 아까우니까 그런 거지'라는 생각은 속으로 숨기고 "빠진 만큼 보충해야 네 발레 실력이 쑥쑥 늘지"라고 말했을 거예요. 그런데 이제는 발레선생님의 기술과 시간, 노력을 경제적 가치로 설명하고 구체적으로 한 시간의 수강료가 얼마인지도 알려줍니다.

그리고 부부의 경제 철학을 공유하기로 했어요. 아파트 대출금은 언제까지 갚는 게 목표인지, 확실하게 아껴야 할 항목과 아낌없이 투자해야 할 항목이 무엇인지, 아이의 미래와 우리의 노후준비는 어떻게 해야 할지 구체적으로 이야기를 나눴습니다. 그전에는 돈 얘기를 회피했습니다. 관리비는 어느 통장 혹은 카드에서 빠져나가는지, 우리 가족의 월평균 지출은 얼마인지 몰랐어요. 솔직히 말하면 모르고 싶었어요. 다 알면 돈을 아예 못 쓸 것 같았거든요. 마트에서 물건 하나 살 때마다, 카페에서 커피 한잔 주문할 때마다 스트레스 받을 것 같았거든요.

돈에 대해 충분히 대화를 하고 나니 돈 문제로 싸울 일이 줄어들었습니다. 남편의 해진 운동화를 부끄러워하지 않기로 했고, 남편도 저에게 건강을 위한 투자는 더 과감해도 된다고 말해주었어요. 서로의 철학을 공유하고 인정하니 아이에게도 일관되게 가르쳐줄 수 있었습니다. 부부가 아이에게 하는 얘기가 서로 다르면 아이는 혼란스러워요. 아이는 자신에게 유리한 말을 하는 부모 편에 서서 필요 이상의 것을 요구합니다.

아끼고 모으는 것도 중요하지만 잘 쓰는 것도 중요합니다. 어느 날 아이가 친구와 손을 잡고 교문을 나섭니다. 같이 편의점에 가기로 약속했대요. 따라갔어요. 둘이 아이스크림 박스에 코를 박고 있기에 먹고 싶은 걸 고르라고 하고 제가 계산을 했습니다. 아이의 친구는 챙겨온 교통카드로 껌 한 통을 추가로 샀어요.

"엄마, ○○이는 두 개 사는데 왜 나는 하나밖에 못 사? ○○이 부럽다."

아이스크림을 먹다 말고 학교 앞에 새로 생긴 무인문방구로 뛰어 들어갑니다. 친구가 교통카드에 남은 돈으로 스티커도 사고 지우개도 샀어요.

"엄마, 이 지우개 너무 예쁘다. 나도 이 지우개 갖고 싶어."

집에 지우개가 너무 많아서 여기저기 굴러다니는데 또 지우개를 산다고 합니다. 먹고 싶고, 갖고 싶고, 부러운 마음으로 모든 걸 살 수는 없다고 말해주었어요. 엄마도 갖고 싶은 게 수십, 수백 개지만 열심히 참는 중이라는 얘기도 하고요. 그리고 계획적으로 소비하는 모습을 평소에 많이 보여주었습니다. 냉장고 문에 포스트잇을 붙여두고 필요한 식료품을 적어두었어요. 떨어졌다고 다 사는 게 아니라 지금 냉장고에 있는 재료와 함께 활용이 가능한 것들부터 먼저 샀습니다. 갈수록 냉장고가 가벼워졌어요. 오랜만에 방문하신 친정엄마가 그동안 굶고 살았냐고 할 정도로요.

아이와 함께 오락실 가본 적 있으신가요? 제주에서 보름 동안 지냈던 숙소 지하 1층에 오락실이 있었습니다. 갈 때마다 500원짜리 동전을 두 개 주었어요. 운전, 농구, 댄스, 인형 뽑기 등 화려한 오락기들이 아이를 유혹하는데 손에는 동전이 두 개뿐입니다. 처음에는 한 번에 다 써버리더니 나중에는 고민에 고민을 거듭하며 얼마나 아껴 썼는지 몰라요. 무작정 달려드는 것이 아니라 다른 사람이 하는 것을 한참 지켜보고 비결을 파악하더니 도전하더라고요. 언니가 춤추는 게임을 할 때 옆에서 힘차게 응원하더니 게임 한판을 얻어냅니다. 다음 날 응원 소리가 두 배로 커지더라고요.

500원짜리 동전 두 개보다 더 비싼 머리핀도, 간식도 사달라고 조르던 아이였어요. 그런데 자기 손에 쥐어진 동전이라는 구체물이 돈의 소중함을 일깨워준 겁니다. 그때부터 아이에게 동전을 사용할 기회를 가능한 자주 주었어요. 물론 매우 번거로운 일입니다. 요즘은 동전 바꿔주는 가게도 없으니까요. 500원짜리 동전으로 좋아하는 아이스크림을 직접 사 먹도록 했어요. 피아노학원 가는 날마다 건물 1층에 있는 아이스크림 가게를 그냥 지나치지 못하더니 동전 7개가 순식간에 사라지는 걸 보고 좀 참더라고요.

"오늘 안 먹고 다음에 두 개 사서 엄마랑 같이 먹을 거야."

이런 기특한 말까지 하면서 말입니다.

예의 바른 아이,
떡 하나 더 줍니다

초등교사로 수년을 살면서 매해 탐나는 아이를 만납니다. 저 아이가 내 딸이었으면 좋겠고, 내 아이가 저렇게 자랐으면 좋겠다는 아이 말이에요. 학부모 상담 시기가 오면 그 엄마의 고민을 들어드리는 것이 아니라 오히려 제가 아이 키운 비결을 묻고 싶은 아이 말입니다. 그런 아이들은 남과 무엇이 다를까 들여다봤습니다. 무엇이 특별하기에 저로 하여금 저절로 탐나는 마음이 들게 하는지 궁금했어요. 따져보니 잘난 아이가 아니었습니다. 다재다능하거나 리더십이 뛰어난 아이들이 아니었어요. 성품이 훌륭한 아이였습니다. 인간에 대한 예의를 아는 친구들이에요.

　됨됨이가 괜찮은 아이들은 어딜 가나 환영받습니다. 작년에도 선생님과 친구들에게 사랑받았고 학년이 올라가 구성원과 환경이 바뀌어도 틀림없이 호감을 사요. 이런 호감은 고스란히 아이에게 돌아옵니다. '나는 괜찮은 사람'이라는 긍정적 자아상을 갖게 돼요. 이런 아이들이 학교생활을 얼마나 잘하는지, 나중에 자신의 인생을 어떻게 살아가는지 많이 봤습니다. 아이가 1학년 때 공부보다는 인성에 초점을 맞춘 이유입니다.

예의 바른 태도, 훌륭한 성품은 어릴 때부터 몸에 배게 해야 합니다. 어느 날 갑자기 생기거나 단기간에 가르칠 수 없어요. 학교보다 가정에서 먼저 부모가 본을 보이고 아이가 따르고 익혀야 합니다. 3월, 1학년 교실에서 열리는 학부모총회에서 한 어머님이 담임선생님께 이런 부탁을 하셨대요. "선생님, 우리 아이 칭찬 좀 많이 해주세요." 그 당부를 들은 담임선생님은 아주 단호한 표정으로 다음과 같이 말씀하셨다고 합니다. "어머님, 아이가 칭찬받을만한 행동을 가정에서 많이 가르쳐서 보내세요." 선생님의 촌철살인 화법으로 그 자리에 있던 모든 엄마들의 표정이 얼어붙었다고 해요. 물론 저라면 이렇게 강경한 어조로 말하지 못했겠지만 그만큼 기본적인 태도는 가정에서 먼저 가르쳐야 한다는 것에는 동의합니다.

성품이 눈에 보이는 것도 아니고 하루아침에 완성되는 것도 아니라면 부모는 무엇을 가르쳐야 할까요? 눈에 보이는 표현 즉 말과 행동을 주의 깊게 살피고 안내해야 합니다. 아이가 남을 헐뜯는 말과 거짓말을 하지 않도록 가르쳐야 해요. 이 두 가지가 아이의 학교생활을 힘들게 합니다. 어느 날 아이와 함께 엘리베이터를 탔는데 엄마 둘이서 선생님

흉을 봅니다.

"우리 애 담임이 갑자기 병가를 냈어. 예고도 없이. 내가 황당해서 진짜."

"애들 때문에 힘들었겠지. 하기 싫었나 보지 뭐."

물론 그분들의 자녀들은 그 자리에 없었습니다. 하지만 듣고 있는 제 얼굴이 화끈거렸어요. 아이는 그 자리에서 두 가지를 느꼈을 거예요. 당사자가 없는 자리에서는 쉽게 험담을 해도 된다는 것과 늘 최고라고 여기던 선생님이 누군가에게는 하찮게 여겨지기도 한다는 것을 말입니다.

또 하나의 나쁜 말은 거짓말인데요. 부모들은 아이 앞에서 알게 모르게 거짓말을 하는 경우가 종종 있습니다. 예를 들면 엄마와 아이가 둘 다 늦잠을 자서 학교에 늦었는데 아이에게 "선생님께 아파서 늦었다고 해."라고 시켜요. 혹은 아이 앞에서 선생님께 전화를 걸어 "선생님, 오늘 애가 아파서 좀 지켜보느라 학교에 늦게 보냅니다."라고 말해요. 별거 아닌 것 같지만 굉장히 중요합니다. 아이에게 몸소 가르쳐주는 거예요. 질책을 피하고자 때에 따라 거짓말을 해도 된다는 것을 말입니다. 평소 학교에 늦지 않게 잘 온 아이라면 한 번 늦잠 잤다고 해서 혼내는 교사는 없습니다. 부끄러워도 솔직하게 표현하고 실수를 책임지는 태도를 부모가 먼저 보여줘야 해요. 험담과 거짓말은 아이가 학교뿐만 아니라 나중에 사회생활을 할 때도 갈등을 일으키는 주요 요인이 됩니다.

의식적으로 아이 앞에서 이해와 공감의 말을 많이 들려주세요.

"괜찮아.", "그럴 수도 있지.", "많이 힘들었겠다.", "지금이라도 해결해서 다행이다."

아이는 부모의 말을 가장 먼저, 가장 많이 듣고 가장 큰 영향을 받습니다. 들은 대로 말하죠.

말만큼 중요한 것이 행동입니다. 학교에서 보면 충동적이고 공격적인 행동을 하는 아이들이 있어요. 눈을 떼기가 불안해서 온종일 예의주시하기도 합니다. 단원평가 점수가 마음에 안 든다고 그 자리에서 시험지를 찢는 아이, 게임에서 졌다고 공을 멀리 차버리는 아이, 친구가 놀렸다고 계속 씩씩대는 아이, 대부분의 친구들은 이런 행동을 이해하기 힘들어합니다. 어른들은 아이의 행동 이면에 숨은 감정을 이해하려 노력하지만, 아이들은 친구가 보이는 행동 자체를 두고 평가하기도 하거든요. 이상한 아이라고 낙인찍고 거리를 두기도 합니다. 솔직히 교사들도 아이의 이런 행동이 반복되면 마음이 힘들어져요. 타이르고 가르치지만 일 년 내내 그 아이가 마음의 숙제로 자리 잡습니다.

저는 아침에 아이와 헤어질 때 날마다 같은 미션을 줍니다. "오늘도 선생님 말씀 잘 듣고 친구들이랑 사이좋게 지내고 와."라는 말 대신 "오늘도 친절 하나 베풀고 와."라고 말해요. 대상이 누구든 상관없습니다. 울고 있는 친구의 등을 토닥여주는 일, 음료수 뚜껑을 열지 못해 낑낑대는 친구에게 먼저 다가가 도움을 주는 일, 두 손으로 바구니를 든 선생님을 보면 달려가서 문을 열어주는 일. 작은 친절이 타인에게 좋은 인상을 주고 이는 아이를 더욱 밝고 단단하게 만들어요. 무조건 순종적이고 착한 아이가 아니라 성품이 바른 아이로 자라게 돕습니다.

예의 바름도 연습이 필요해요. 저는 아이와 함께 네 가지 연습을 합니다. 아이에게만 시키는 것이 아니라 저도 함께해요. 첫째, 인사하는 연습을 합니다. 가끔 아이 친구 엄마들을 보면 아이 등에 손을 얹고 "인사해야지."라고 말해요. 저는 손사래를 치며 "아니에요. 괜찮아요. 아까 인사했어요."라고 말합니다. 아이가 느낄 무안함에 제가 괜히 미안해져서 과한 반응을 보여요. 인사는 강요로 되는 게 아닙니다. 인사 한 번 안 했다고 큰일 나지 않아요. 오히려 그렇게 지적받은 한 번의 경험이 아이를 더 주춤거리게 해요. 그저 꾸준히 엄마가 먼저 다른 사람에게 반갑게 인사하는 모습을 보이면 됩니다. 아이는 놀이공원에서 놀이기구 하나 타고 나올 때마다 직원에게 "감사합니다. 안녕히 계세요." 하며 고개를 숙이더라고요.

둘째, 사과하는 연습을 합니다. 아이들은 자신의 잘못을 인정하는 걸 참 어려워해요. 섬세하고 자존심이 강한 저희 아이는 유난히 더 힘들어했습니다. 대부분 아이들이 엄마한테 혼날까 봐 무서워서 변명거리를 찾는데 딸아이는 그런 이유도 아니었어요. 뭐든 잘하고 싶고 완벽에 대한 강박 때문에 자신의 실수를 스스로 용납하지 못하는 겁니다. 아이에게 반복적으로 알려줬어요. 잘못을 안 하는 것보다 잘못을 인정하고 책임지는 게 훨씬 어렵고 훌륭한 일이라고 말입니다.

셋째, 기다리는 연습을 합니다. 여덟 살은 아직 자기중심적 사고가 강합니다. 무리에서 주인공이 되고 싶고 누구보다 먼저 하고 싶어요. 급식 먹는 순서, 발표하는 순서에 그야말로 목숨을 걸어요. 손을 들다 마음이 급해져 엉덩이를 들썩일 지경입니다. 아이에게 늦게 해도 괜찮고, 뒤에 해도 잘할 수 있다고 가르쳐줍니다. 기다리는 것은 누구나 힘든 일이지만 더불어 살기 위해서는 꼭 필요한 덕목이라고 강조해요.

넷째, 거절하는 연습을 합니다. 같은 거절이라도 어떻게 표현하느냐에 따라 상대가 느끼는 감정은 천지 차이에요. 친구의 요구를 받아들일 수 없을 때 "너 때문에 안 해."가 아닌 "상황 때문에 못 해. 다음에 같이 할 수 있으면 하자."라고 보다 완곡한 표현을 가르칩니다. 이렇게 거절하면 듣는 상대도 불쾌하지 않고 거절한 아이의 마음도 무겁지 않아요.

미디어 노출,
적으면 적을수록 좋고
늦으면 늦을수록 좋아요

저는 유난스럽다 싶을 만큼 어린이의 스마트폰 사용에 반대합니다. 다 이유가 있어요. 학교에서 마주친 위험천만한 순간들 때문입니다. 등굣길부터 스마트폰으로 게임을 하는 아이들이 정말 많아요. 그 모습을 보면서 속으로 생각합니다. '아, 집에서는 엄마가 무서워서 못했고 엄마의 감시에서 벗어나자마자 시작하는구나.' 자신이 원하는 만큼 충분히 게임을 못 한 겁니다. 그런데요. 과연 얼마의 시간을 주면 아이들이 충분하다고 느낄까요? 아무리 많이 주어도 만족감이 느껴지지 않습니다. 자동차가 와도 못 보고, 눈 쌓인 계단을 내려가면서도 스마트폰에서 눈을 떼지 못해요.

고학년이 되면 스마트폰 문제로 조용할 날이 없습니다.

"선생님, 쟤가 저만 빼고 단톡방을 만들었어요."

"선생님, 애들이 단톡방에서 야한 얘기 해요."

"선생님, 어떤 애가 상태 메시지에 저를 저격하는 글을 남겼어요."

"선생님, 쟤가 제 프로필 사진 따라 했어요."

정말이지 스마트폰이 없던 시절로 돌아가고 싶은 심정입니다. 그때도 물론 교실에서 친구들 간의 다양한 갈등이 존재했지만, 확실히 지금보다 덜 공격적이고 덜 자극적이었어요. 상대의 표정 변화를 살피지 않는 상태에서의 대화는 너무도 쉽게 마음을 긁었습니다. 실제로 학교에서 학교폭력으로 접수되는 사건의 상당수가 스마트폰과 관련된 것입니다.

스마트폰으로 빼앗기는 시간은 또 어떻고요. 게임 레벨을 높이려면 기술도 중요하지만 그만큼 시간을 많이 들여야 합니다. 아이들이 쉽게 종료 버튼을 누르지 못하는 이유입니다. 조금만 더하면 이길 수 있을 것 같거든요. 유튜브도 마찬가지입니다. 알고리즘에 의해 내가 재미있게 볼만한 영상을 계속 추천해줘요. '한두 개만 보고 끝내야지' 마음먹어도 절대 한두 개에서 끝나지 않습니다. 이렇게 밤을 보낸 아이들이 학교에 오면 어떤 모습일까요? 눈은 뜨고 있지만, 머리는 멍합니다. 잠이 부족해서 혹은 어젯밤 미처 레벨업 하지 못한 게임이 떠올라 수업에 집중하지 못해요. 두통을 호소하는 아이들도 많습니다.

그럼 대체 우리 아이에게 스마트폰을 언제 사주냐고요? 최대한 늦게 사주세요. 안 사주면 더 좋고요. 일단 스마트폰을 손에 쥐여주고 지혜롭고, 똑똑하게 사용하는 방법과 자기 조절력을 기른다면 참 좋겠지만 그런 방법은 없습니다. 어른들을 보세요. 유튜브에 한 번 들어가면 나올 수가 없어요. 자녀교육과 관련된 영상 한 편 보려고 했을 뿐인데 무슨 '레전드' 영상은 왜 그렇게 많은지요. 인스타그램에 글 한 편 올리려고 접속했다가 돋보기 모양 아이콘이라도 한 번 누르면 몇십 분은 그냥 지나갑니다. 생판 모르는 남의 일상이 왜 그리 흥미진진한지 모르겠어요. 없어야 합니다. 있더라도 곁에 두지 말아야 시간을 잘 관리할 수 있어요. 몸에 나쁜 걸 뻔히 알면서도 먹게 되는 맥주와 라면, 집에 사다 놓지 않아야 안 먹습니다.

부모부터 없는 것에 익숙해져야 해요. 저희 집은 TV가 없습니다. 가끔 어르신들이 "애들이 TV도 좀 보고 그래야 똑똑해지지." 하고 말씀하시는데요. 그건 아마 많은 어휘나 다양한 사회 모습을 보여주고 싶어 그럴 겁니다. 그런데 어휘력은 책으로, 다양한 경험은 집 밖으로 나가서 직접 하면 됩니다. 아이에게 꼭 보여주고 싶은 영화나 다큐멘터리는 빔프로젝터를 이용하여 보여줍니다. 습관적으로 TV를 틀어놓는 것이 아니라 특별한 목적성을 가지고 영상을 보여주는 거죠.

검색 욕구도 지연할 줄 알아야 합니다. 이것 때문에 남편과 참 많이 싸웠는데요. 남편은 궁금한 건 바로바로 찾아보는 사람이었어요. "전기 포트를 새로 사야겠다."라는 제 한 마디에 그 자리에서 바로 요즘 사람들이 제일 많이 쓰는 제품은 무엇인지, 가격은 어느 정도나 하는지, 구매 후기는 어떤지 찾아봐야 직성이 풀렸죠. 물건을 구매할 때뿐만이 아니었습니다. 어떤 이슈에 관해 얘기하면 주머니에서 스마트폰부터 꺼내 들었어요. 제가 뭘 물어보면 생각해서 대답해주는 게 아니라 검색해서 링크를 보내줬습니다. 남편에게 정말 여러 번 부탁했어요. 뛰어난 정보 검색 능력은 인정하나 제발 아이를 앞에 두고 휴대전화를 들여다보지 말라고요. 당장 찾지 않으면 안 되는 건 없으니 나중에 아이가 잠들고 나면 실컷 하라고요. 그래서 저희 집에서는 실시간 길 찾기 할 때만 눈치 보지 않고 편하게 스마트폰을 사용합니다. 오랜 습관을 고치려고 노력하는 남편에게 고마워요.

어린이가 스마트폰을 소유할 때 생기는 문제는 셀 수 없이 많습니다. 그렇다면 스마트폰이 없을 때 문제가 되는 것도 있을까요? 있다면 미리 생각해서 해결해야지요. 우선 아이들이 가장 많이 하는 말이 있습니다. "엄마, 우리 반에서 스마트폰 없는 사람 나밖에 없어요. 스마트폰 때문에 왕따 당하겠어요. 대체 나는 스마트폰 몇 살에 사줄 거예요?" 엄마들은 이 말에 가장 흔들려요. 우리 아이만 소외당할 것 같은 불안함이 그동안의 소신을 무너뜨립니다. 저는 아이에게 이렇게 말해줘요. "엄마가 너한테 술, 담배, 불량식품을 사주지 않지? 그 이유는 그것들이 너한테 얼마나 해로운지 알기 때문이야. 이 세상에서 너를 가장 소중하게 생각하는 너의 부모로서 나쁜 걸 알면서도 내 손으로 너한테 사줄 수는 없어." 그러면서 학부모의 대부분이 IT기업에 다니는 실리콘밸리의 자녀들에 관한 이야기를 들려줍니다. 컴퓨터와 스마트폰에 대해 가장 잘 알고 가장 능숙하게 다루는 사람들이 정작 자신의 자녀들은 디지털에서 멀리 떨어뜨려 놓는 이유에 대해서요.

"숙제할 때 자료조사 하려면 스마트폰이 필요해요. 수업시간에 모둠 활동할 때도 스마트폰을 쓴다고요."라고 말하면 뭐라고 해야 할까요? 자료는 인터넷보다 책이 훨씬 믿을만하다고 말해주세요. 인터넷 자료는 키워드만으로 쉽고 빠르게 찾을 수 있는 장점이 있지만 그만큼 단점도 많습니다. 해당 분야의 전문가가 아닌 사람이 만든 자료 혹은 조회수를 늘리려는 자극적이고 거짓된 자료가 많아요. 자료의 양도 어마어마하기 때문에 아이가 이걸 필요에 따라 선별하고 조직하는 게 더 힘듭니다. 그래서 대부분 아이들은 자료를 변환하기보다 그대로 가져와서 씁니다. 하지만 책은 다릅니다. 전문가가 근거에 따라 짜임새 있게 만든 자료이고 책으로 나오기 전에 많은 사람들이 그 정확성과 신뢰성을 점검해요. 저는 학교에서 아이들과 발표 자료를 만들 때도 "집에 가서 찾아오세요." 하기보다는 다같이 학교도서관에 내려가서 관련 책을 찾아봅니다.

모둠 활동할 때 스마트폰을 사용하는 경우가 없지 않습니다. 친구랑 같이 쓰면 됩니다. 가끔 제 스마트폰이나 컴퓨터를 빌려주기도 해요. 스마트폰이 없다고 모둠에서 소외되는 일 같은 건 일어나지 않습니다. 스마트폰이 있어도 활동에 적극적으로 참여하지 않는다거나 친구들의 소중한 의견을 귀담아듣지 않는 행동들이 훨씬 큰 문제이지요. 담임교사도 융통성을 발휘합니다. 학교 컴퓨터실을 개방해서 아이들이 사용할 수 있도록 도와요.

맞벌이라 아이와 연락할 수단이 필요해서 초등학교 입학과 함께 스마트폰을 사주는 부모도 많습니다. 인터넷 기능이 없는 전화기를 사주셔도 되고요. 특별히 연락할 일이 있을 때는 학교에 마련된 콜렉트

콜(수신자 부담 전화)을 이용하거나 담임선생님의 전화기를 빌릴 수도 있어요. 아이 친구의 엄마는 잠금 패턴을 아이에게 알려주지 않는대요. 아이가 전화를 먼저 걸지는 못하고, 오는 전화를 받도록만 하더라고요. 이것도 좋은 방법입니다.

메타버스 시대라는데 컴퓨터와 스마트폰 활용능력이 필요하지 않냐고요? 마이크로소프트에 근무하는 한 학부모는 이렇게 말했다고 합니다. "어릴 때 컴퓨터를 안 배우면 디지털 시대에 뒤처진다고 하는데, 컴퓨터를 다루는 건 치약을 짜는 것만큼 쉬운 일"이라고요.

여덟 살,
꿈을 찾는 대화를
나누세요

여덟 살 아이의 꿈은 매일 바뀝니다. 오늘은 피아노 선생님이 되겠다고 하고 내일은 발레리나가 되겠다고 하고 그다음 날에는 헤어디자이너가 되겠다고 합니다. 어느 날은 요일별로 직업을 번갈아가며 해도 되는지 묻습니다.

어차피 또 바뀔 테니 초등학교 저학년생에게 진로교육은 필요 없을까요? 아니에요. 진로교육은 지금 바로 시작해야 합니다. 세상에 대한 호기심으로 가득하고 어른들의 잣대로 직업을 평가하지 않으며 자기 긍정성이 높은 저학년 때 시작해야 효과적이에요.

교육부와 한국직업능력연구원이 발표한 '2022년 초중등 진로교육

현황조사'에 따르면 초등학생 희망 직업 조사 1위와 3위가 각각 운동선수와 크리에이터였다고 합니다. 아이들은 좋아하는 것 혹은 유행하는 것을 따르지요. 부모들은 어떨까요? "아이가 원하는 걸 하면서 살면 좋겠어요."라고 말해요. 저도 아직은 그렇게 말하니까요. 그런데 속마음은요? 경제력과 안정성을 무시할 수 없습니다. 사랑하는 내 아이가 내 품을 떠나도 힘들지 않고 자립했으면 좋겠어요.

하지만 진로교육의 본질은 이겁니다. 직업 선택이 끝이 아니라 그 이후에 어떻게 살아갈 것인가 하는 고민을 해야 해요. 역사교육 전문가 최태성 선생님의 명언이 있습니다. 바로 "명사형 꿈이 아닌 동사형 꿈을 가져라."입니다. 아이가 교사가 되겠다고 하면 "그래, 교사 좋지." 하고 대화가 끝나면 안 돼요. 교사도 분야가 정말 다양합니다. 초등교사인지 중등교사인지 중등교사라면 전공은 수학인지 미술인지 천차만별이에요. 보건교사도 있고 특수교사도 있으며 공교육에 종사하는 교사도 있고 사교육에 몸담은 교사도 있습니다. 어떤 교사인지에 따라 하는 일이 아주 달라요. 또 교사가 되어 어떤 영향력을 끼치고 싶은지도 이야기해야 합니다. 교사들을 가르치는 교사가 될 수도 있고 현장 경험을 바탕으로 교육정책을 바꾸는 교사가 될 수도 있어요.

초등 1학년 때는 두 가지에 초점을 두어야 합니다. 하나는 자기 자신을 잘 이해하는 일이에요. 내가 무엇을 좋아하고 무엇을 잘하는지 탐색해야 합니다. 친구들이 '영어를 잘한다', '그림을 잘 그린다', '피아노를 잘 친다'고 하면 '어? 나는 잘하는 게 하나도 없는데?' 하고 좌절할 수 있습니다. 잘하는 것의 범위를 더 넓혀야 해요. 저와 딸아이는 《열두 살

장래 희망》(박성우, 창비, 2021)이라는 책의 도움을 많이 받았습니다. '잘 웃는 사람', '고민을 잘 들어주는 사람', '지구를 사랑하는 사람'과 같이 어떤 기능적인 측면이 아니라 마음과 태도에 대해 말해요.

다양한 직접 경험을 쌓는 것도 자신을 이해하는 데 도움이 됩니다. 이때 직업체험 테마파크에서 보낸 시간이 아이의 진로 탐색을 위한 경험이 될까요? 저는 아니라고 생각해요. 물론 저도 서울·경기에 있는 웬만한 직업체험관은 다 가봤을 정도로 관심이 많습니다. 하지만 어디까지나 즐거운 놀이 활동과 조작 기능 향상을 위해서였지 진로교육을 위해 방문한 것은 아니에요. 아이들이 여기서 불 한 번 꺼봤다고 소방관에 관심이 생기고 런웨이 한 번 걸어봤다고 모델의 꿈을 키우는 것은 아닙니다. 아이들은 실제로 그 직업에서 활동하고 있는 사람을 만날 때 비로소 영향을 받아요. 어린이가 연기하는 뮤지컬을 보고 마음이 움직이면 뮤지컬 배우가 되고 싶다고 해요. 비행기를 타고 승무원들과 눈을 맞추며 대화를 하면 승무원이란 직업에 호감을 느낍니다.

아이가 스스로 좋아하고 잘하는 것을 찾았다면 적극적으로 지원해주세요. 딸아이는 만24개월에 마트 문화센터에서 시작한 발레를 계속하고 있습니다. 열 손가락으로도 모자란 다양한 꿈 중에 물론 발레리나도 있어요. 제가 할 수 있는 것은 발레리나가 나오는 책, 영화, 공연을 찾아서 보여주고 발레 할 때 아이의 모습이 얼마나 예쁜지 계속 말해주는 겁니다. 타고난 몸매나 뛰어난 기능으로 전공반으로 옮기는 친구들을 보며 실망할 때 지금도 충분히 잘하고 있다고 다독여줍니다. "어차피 발레리나 될 거 아닌데 뭐 어때. 그냥 취미로 해."라는 말은 절대로 하지 않습니다. 속으로는 그렇게 생각한다 해도 말이죠. 아름다운 발레리나가 되어 〈호두까기인형〉의 마리를 연기하겠다는 아이에게 "괜찮아. 늦게 해도 잘할 수 있어."라고 말해줍니다.

초등 1학년 진로교육과 관련하여 '나는 무엇을 좋아하고 잘하지?' 만큼 중요한 질문이 또 있습니다. 바로 '공부는 왜 하지?'입니다. 저학년 아이들에게 물어보면 대답이 두 가지 중 하나입니다. "똑똑해져서 나중에 훌륭한 사람 되려고요." 또는 "엄마가 공부하라고 시키니까요." 이렇게 말해요. 전자는 막연하고 후자는 자기 주도성이 빠져있습니다. 대화를 통해 공부하는 목적을 분명히 하면 아이들이 스스로 내적 동기를 찾아요.

"엄마, 나는 피아니스트가 될 건데 피아노만 잘 치면 되는 거 아니에요? 수학 공부, 영어 공부는 왜 하는지 모르겠어요."

연주 실력만 뛰어나면 훌륭한 피아니스트가 될 수 있을까요? 절대 그렇지 않습니다. 복잡한 악보도 읽을 줄 알아야 하고 음악의 역사도 공부해야 하며 세계무대에 나가려면 영어 공부도 열심히 해야 합니다. 사람들에게 내 연주를 이해시키고 전공자들과 배움을 주고받으려면 소통 능력도 뛰어나야 해요. 무엇보다 공부를 통해 인내심, 집중력, 실패해도 다시 도전하는 회복탄력성을 다질 수 있습니다. 좋은 책을 읽으려면 한글을 떼야 하고 건강한 음식을 골고루 먹으려면 젓가락질을 잘해야 하듯 꿈을 이루기 위해서는 공부력이 기초가 된다는 걸 아이에게 알려주세요. 그리고 그 공부력은 어릴 때 노력해야 더 효율적으로 성장한다는 것도요.

대화를 통해 아이들이 자신을 이해하고 공부의 목적을 챙겼다면 이제 여덟 살 수준에서 실천할 수 있는 것을 해야 합니다. 저는 다음의 세 가지를 꾸준히 했어요. 첫째, 관련 책을 많이 빌려다 읽어주었습니다. 제가 초등 독서교육에 관심이 많다는 걸 알게 된 아이 친구 엄마가 묻더라고요. "진로 독서는 몇 학년부터 무슨 책으로 시작해야 하냐?"고요. 깜짝 놀랐습니다. 아이의 진로를 고민하는데 학년과 책이 정해진 걸까요? 직업탐구 시리즈를 1권부터 읽혀야 할까요? 그보다는 아이가 관심 있는 분야의 책을 넓고 깊게 읽도록 하는 게 중요합니다.

둘째, 우리만의 포트폴리오를 만들었어요. 대단한 건 아닙니다. A4 크기의 클리어 파일에 아이가 처음 연주한 피아노 악보, 첫 피아노 콩쿠르에서 받은 상장, 그림책《피아노 치기는 지겨워》(다비드 칼리(심지원 옮김), 비룡소, 2017)를 읽고 쓴 독서감상문, 함께 다녀온 피아노 연주회의 팸플릿, 쇼팽 국제 피아노 콩쿠르에서 우승한 조성진의 뉴스 기사 등 우리만의 이야깃거리를 모으는 거예요. 아이가 꿈을 떠올릴 때마다 마음이 설레고 의지가 단단해질 수 있게 말입니다.

셋째, 함께 롤모델을 찾아봅니다. TV에 나오는 유명한 피아니스트일 수도 있고 위인전에서만 볼 수 있는 역사 속 음악가일 수도 있고 매일 만나는 피아노 선생님일 수도 있어요. 피아노는 몇 살에 처음 시작했는지, 하루에 몇 시간이나 연습하는지, 연주가 늘지 않아 스트레스를 받을 때는 무엇으로 마음을 달래는지 등을 묻고 듣고 읽습니다. '어차피 해도 안 될 텐데' 하는 마음이 들기 전에 아이의 마음이 부풀어 오를 수 있도록 응원합니다.

Part 2 놓쳐서는 안 될 1학년의 경험과 습관

Q4. 이제 막 한글을 떼서 읽기 시작했어요. 한두 줄 읽기 시작한 아이, 읽기독립을 위한 과정이 궁금합니다.

한글 떼기의 과정이 궁금하다 하시면 제가 알려드릴 수 있는데 읽기독립의 과정이 궁금하다 하시면 제가 드릴 말씀이 없습니다. 왜냐하면, 제가 아직 저희 아이 읽기독립을 못 시켰거든요. 아니, 안 시켰습니다. 아이가 혼자 읽으면 읽기에만 집중하느라 그림을 놓치거나 생각하기를 멈춰요. 그림책은 한 장 한 장이 모두 위대한 예술품입니다. 작은 미술관이에요. 좋은 그림은 아이의 감수성을 자극하지요. 그냥 읽고 넘기는 게 아니라 다양한 생각이 부풀어 올라야 좋은 독서라고 생각합니다.

많이 들으면 듣기 능력이 좋아져요. 듣기 능력은 공부를 잘하는 데 꼭 필요합니다. 학교에서 선생님 설명을 듣고 내용을 이해해야 하잖아요. 듣기 경험은 아이의 뇌 발달을 자극하여 사고력도 뛰어나게 만들어준다고 합니다. 그런데 사고력이라는 것이 지금 당장 확인할 수 있는 것도 아니고 눈에 보이는 것도 아니에요. 분명한 것은 아이에게 많이 읽어주면 의미 단위로 끊어 읽기도 잘하고 실감 나게 읽기도 잘한다는 겁니다. 학교에서 고학년 아이들에게 소리 내어 읽기를 시켜보면 읽기 실력이 천차만별입니다. 한글을 다 아는 것과 글을 잘 읽는 것은 별개 예요. 잘 읽는 아이들이 공부도 잘합니다.

엄마가 책을 읽어주는 그 시간은 아이와 정서적 교감을 극대화할 수 있어요. 문해력, 사고력 발달과는 비교할 수 없는 가치입니다. 저는 아이만 거부하지 않는다면 언제까지라도 책을 읽어줄 계획이에요.

Q5. 학교 선생님으로 한 번밖에 없는 1학년을 가장 잘 보내기 위해서 '가정에서 이것만은 꼭 지켜주세요' 하는 게 있을까요?

공부보다 중요한 것은 습관입니다. 단계에 맞지 않는 공부를 시키다 이 시기에 꼭 만들어야 할 습관을 놓치는 경우가 많아요. 제발 겨울방학 때 다음 학년 수학 선행하지 마세요. 1, 2월에 서점에 가보면 1학기 문제집만 있어요. 지난 학년에 배운 것을 복습하고 심화하려면 2학기 문제집이 필요한데 말입니다. 교실에서 보면 선행하고 온 아이가 더 잘하는 게 아닙니다. 운동 습관, 시간 관리 습관, 잘 듣는 습관, 정리정돈 습관이 잘 갖춰진 아이가 학습결과가 더 좋아요.

잘 잡힌 습관과 함께 다양한 경험을 선물해주세요. 이 시기의 아이들은 보이는 대로만 생각하지 않습니다. 하얀 눈을 만지면서 '대체 하늘에서 누가 뿌려주는 거지?', '어째서 눈은 서로 뭉쳐서 눈덩이가 되는 거지?', '어제까지 있던 눈이 어니로 사라진 거지?' 많은 생각을 해요. 다양한 경험과 자극으로 오감이 발달한 아이들은 사고력도 풍부해요. 진짜 진검승부가 시작되는 4~5학년 때 공부도 잘합니다. 1학년 때 문제집 한 권 더 풀었다고 차이나지 않아요. 상대적으로 시간이 여유로운 저학년 때 다양한 경험을 놓치지 마세요.

가장 중요한 건 사랑입니다. 여덟 살은 여전히 부모의 지극한 관심과 도움, 돌봄이 필요해요. 유치원과 학교라는 엄청난 환경 변화도 감당해야 하는데 부모가 매사에 "이제 학교 갔으니까 스스로 할 줄 알아야지." 하면 너무 가혹합니다. 어제까지 멀쩡히 잘 들던 식판도 오늘은 기울여 국물을 줄줄 쏟는 게 1학년입니다. 가방 안에 뻔히 있는 일기장도 못 찾고 없다고 눈물을 흘리는 게 1학년이에요. 괜찮다고 다독여주고, 잘할 수 있다고 응원해주세요. 더 많이 사랑해주세요. 표현하지 않으면 모릅니다. 다정한 말로, 따뜻한 눈빛으로, 뜨거운 스킨십으로, 깜짝 편지로 표현해주세요.

Q6. 1학년이 읽으면 좋은 책은 어떤 걸까요? 책 추천 부탁드려요.

제가 빌려 읽고 너무 좋아서 소장하게 된 그림책 10권을 알려드릴게요.

	책 제목	지은이	출판사	함께 나눌 이야기
1	나는 너무 평범해	김영진	길벗어린이	자신감
2	나태평과 진지해	진수경	천개의바람	1학년 학교 적응
3	도서관에 간 사자	미셸 누드슨	웅진주니어	책을 사랑하는 마음
4	메두사 엄마	키티 크라우더	논장	부모의 역할
5	백만 년 동안 절대 말 안 해	허은미	웅진주니어	가족의 소중함
6	사자가 작아졌어!	정성훈	비룡소	진정한 사과
7	어떻게 못됐으면서 착해요?	올리비에 클레르	공존	친구와 대화하는 방법
8	줄무늬가 생겼어요	데이빗 섀논	비룡소	솔직한 자기표현
9	친구의 전설	이지은	웅진주니어	친구의 의미
10	화가 났어요	게일 실버	불광출판사	화를 다스리는 방법

매일 성장하는 엄마가
아이도 잘 키운다

엄마도 아름다운 여자로
살고 싶어요

운동은 꾸준히 하는 편이었어요. 왜냐하면, 나이가 들면서 당장 내일 어떻게 될지 모르는 내 삶에 뭐라도 투자해야겠다고 느꼈기 때문입니다. 어디에든 돈과 시간을 투자하는 것은 늘 어려웠지만 저는 그 투자를 필라테스에 하기로 했어요. 필라테스를 시작한 지는 2년이 조금 넘었고 거기서 느끼는 만족감은 매우 컸지만 사실 눈에 보이는 몸의 변화는 없었습니다.

그런데 갑자기 왜 바디프로필이 찍고 싶었을까요? 그것을 찍기에 제 몸은 아주 초라했는데 말입니다. 아이의 한 마디로 시작되었어요. 어느 날 아이가 거실 벽에 걸린 저희 부부의 결혼사진을 보며 "엄마 참 예뻤다."라고 말하는 겁니다. 그 말을 듣는데 기분이 이상했어요. 나를 꾸미고 예뻐지고 싶은 마음으로 가득 찼던 시절이 있었습니다. 그런데 지금은 '어떻게 하면 아이를 잘 키울까', '아이에게 어떤 경험을 선물할까' 그 고민만 하고 있어요. 아이에게 보여주고 싶었습니다. 엄마의 존재 이유는 아이 돌봄과 희생, 집안일뿐만이 아니라는 것을요. 엄마도 여자로, 그것도 '아름다운' 여자로 살고 싶은 욕망이 있다는 걸 드러내고 싶었어요.

집에서 가장 가까운 스튜디오를 알아보고 예약부터 했어요. 날짜를 계산해보니 45일이 남았더라고요. 식단을 조절해야 했습니다. 빵, 면, 과자 없이는 못 사는 밀가루 사랑의 삶을 청산하고 육아 스트레스를 푼다는 명목으로 매일 한 캔씩 마시던 맥주를 끊었어요. 인터넷을 찾아보니 '닭고야'라는 말이 있더라고요. 닭가슴살, 고구마, 야채를 뜻하는 말입니다. 매일 무엇을 먹었는지 기록으로 남겼어요. 기록의 힘은 역시 무섭습니다. 내 안에 숨어있던 절제력을 끌어올려 주었어요. 물론 그 과정이 쉽지만은 않았어요. 그나마 다행인 것은 코로나 때문에 약속이 없어서 절제해야 하는 순간이 많지 않았다는 겁니다.

주말에 가족나들이를 가면서는 제가 먹을 것을 따로 챙겼어요. 가족들이 산에서 김밥을 먹는 동안, 카페에서 브런치를 즐기는 동안 저는 옆에서 방울토마토, 바나나, 오이를 먹었습니다. 처음 식단관리를 시작할 때만 해도 '무리하게 참지 말자. 주말만은 즐기자.' 마음먹었었는데요. 주중에 워낙 열심히 관리해서인지 그게 아까워 참아지더라고요. 윤기가 자르르 흐르는 빵을 눈앞에 두고도 참아지는 제 자신이 신기할 정도로요. 물론 참지 못한 게 딱 한 가지 있긴 합니다. 바로 카페라떼에요. 어쩌면 '못' 참은 게 아니라 '안' 참은 건지도 모르겠어요. 노력한 제 자신에 대한 보상이 한 가지는 있어야 하니까요.

식단관리와 함께 운동을 병행했어요. 일주일에 이틀은 센터에 가서 필라테스를 했고, 나머지 5일은 혼자 집에서 매트를 깔고 유산소운동을 했습니다. 진짜 힘들었어요. 필라테스를 할 때는 주리 틀리는 느낌이라 속으로 '아, 차라리 유산소운동이 낫다' 하고 유산소운동을 할 때는 숨이 턱 끝까지 차올라 '으, 차라리 필라테스가 낫다' 했으니까요. 매번 새로운 동작에 도전해야 하는 필라테스도 힘들었고, 안 하고 싶은 마음을 억누르고 기어이 해내야 하는 혼자만의 유산소운동도 외로웠어요. 시간이 지나면서 계단 오르기도 추가했습니다. 아이를 학교나 학원에 데려다주고 혼자 돌아오는 길, 걸어서 집까지 올라왔어요(참고로 저희 집은 21층입니다).

이렇게나 괴로웠던 식단관리와 운동을 중간에 포기하지 않고 끝까지 해냈어요. 주변에서 다들 대단하다고 했지만 사실 '끝이 있는' 도전이라 가능했던 겁니다. '건강해져야지', '날씬해져야지' 하는 마음이었다면 막연해서 언제고 그만두었을 거예요. 하지만 45일이라는 시간이 정해져 있었고, 끝나면 마음껏 누려야지 하는 생각에 버틸 수 있었습니다. 촬영일이 가까워졌을 때는 먹고 싶은 과자와 맥주를 종류별로 사서 쟁여놨어요. 그 어떤 쇼핑보다도 설렜습니다. 그리고 45일은 생각보다 짧은 시간이에요. 중간에 탈이 나서 식단관리나 운동을 며칠 못하게 되면 타격이 크죠. 그래서 무리하지 않고 진행할 수 있었어요. 내 몸이 보내는 신호에 귀 기울이고 내 몸을 소중하게 생각하며 끝까지 안전하게 도전했습니다.

도전하면서 깨달은 게 많아요. 우선 음식에 대한 태도가 많이 달라졌습니다. 먹는 속도가 빠른 남편, 먹는 양이 많은 아이와 살다 보니 그 사이에서 저는 늘 허겁지겁 먹었어요. 음식의 맛을 음미하기는커녕 내 몫을 챙기기에 바빴습니다. 그게 습관이 되다 보니 맛있는 것을 먹으면서도, 충분히 많이 먹었음에도 늘 욕구불만에 시달렸어요. '아, 더 먹고 싶다. 혼자 먹고 싶다.' 원초적 욕구가 채워지지 않으니 식사시간이 늘 스트레스였습니다. 그런데 내가 먹어야 할 목록과 양이 정해져 있으니 남의 것을 탐내지 않게 되었어요. 찐 양배추가 얼마나 달콤하지, 조리하지 않은 제주당근이 얼마나 맛있는지 이때 처음 알았습니다.

식단관리의 가장 큰 적은 외식과 배달음식이잖아요? 그런데 45일 동안 남편도, 아이도 외식이나 배달음식을 먼저 요구하지 않는 겁니다. 저는 '닭고야'를 먹고 남편과 아이에게는 집밥을 차려줬는데 불평 없이 너무 잘 먹었어요. 그걸 보면서 저는 깨달았습니다. '아, 그동안 외식과 배달음식을 원했던 건 바로 나구나. 밥 차리기 힘들어서, 자극적인 음식이 먹고 싶어서 내가 먼저 제안했구나.' 바디프로필 촬영에 도전하길 참 잘했다는 생각이 들었어요. 어쨌든 그 시간 동안은 가족의 밥상이 건강해졌으니까요.

드디어 디데이, 막상 촬영하려니까 매우 긴장되었습니다. 결혼사진 촬영 후 십 년 만에 전문가에게 헤어와 메이크업도 받고 팔다리에 쥐가 날 정도로 최선을 다해 찍었어요. 끝나자마자 아이 하교 시간이었기에 바로 아이 학교 앞으로 갔습니다. 아이가 제 얼굴을 보더니 내뱉은 첫

마디, "엄마, 스튜어디스 같아." 속눈썹을 붙이고 헤어젤로 머리카락을 모두 넘겨 고정한 엄마의 모습이 낯설었겠지요. 그날 온종일 제 얼굴을 들여다보고 또 들여다봤어요. 비록 단 하루였지만, 아이에게 엄마의 새로운 모습을 보여줄 수 있어 뿌듯했어요. 다 큰 어른도 새로운 도전을 할 수 있다는 생각을 심어주고 싶었습니다.

가족과 주변인에게 도전의 과정과 결과를 보여주고 칭찬을 듣는 것도 기뻤지만 저 스스로 느낀 보람도 대단했어요. 다이어트는 늘 남의 얘기라고 느꼈고, 예쁜 몸매는 만들어지는 것보다 타고난 게 더 크다고 생각했는데 '마음만 먹으면 나도 할 수 있다'라는 자신감을 온몸으로 배웠습니다. 십 대부터 고민이었던 하체 비만은 평생 나를 괴롭힐 줄 알았는데 변화를 눈으로 확인하니 놀라웠어요. 고등학교 체력장에서 오래매달리기가 제일 어려웠는데 운동으로 근력이 생기니 필라테스 기구에도 대롱대롱 매달려 꽤 한참을 버텼어요.

촬영이 끝난 후에 그 식단, 그 몸무게는 잘 유지했냐고요? 아닙니다. 촬영 다음 날 9박 10일 가족여행을 떠났어요. 여행은 먹는 게 반이 잖아요? 식단관리는커녕 매일 폭식의 연속이었습니다. 인터넷에 바디프로필 촬영 후기를 읽어보면 요요 현상으로 오히려 촬영 전보다 몸이 더 망가졌다는 얘기가 많았어요. 남 얘기가 아니더라고요. 분명 육체적으로는 배가 부른데 심리적으로는 뭔가 더 먹고 싶었습니다. 욕구가 채워질 때까지 먹다 보니 배가 아플 지경이었어요. 결국, 원래 몸무게보다 더 무거워져 집으로 돌아왔어요. 단 10일 만에 말입니다.

그래서 지금은 '생긴 대로' 잘살고 있어요. 근육은 감쪽같이 사라졌지만, 도전의 경험은 고스란히 남아 있습니다. 참 잘했다 싶어요. 혹시 망설이고 계신다면 꼭 한 번 도전해보시길 추천합니다. 마흔 살도 혹은 그 이상도 절대 늦지 않았어요. 어쨌든 오늘이 가장 젊고 예쁜 날이잖아요. 아이가 결혼사진을 보면서 "엄마 참 예뻤다." 했던 것처럼 언젠가 할머니가 되었을 때 제 필라테스 프로필 사진을 보면서 "엄마 참 아름다웠다." 해줬으면 좋겠습니다.

건강한 할머니가
되고 싶어요

어떻게든 운동은 매일 하려고 마음먹었습니다. 시간과 에너지는 유한한데 저는 왜 유독 운동에 무게 중심을 두고 싶었을까요? 다이어트가 목표는 아니었습니다. 단기간의 다이어트로 필라테스 프로필 사진을 찍긴 했지만, 그 몸무게는 아마 제 인생에 두 번은 없을 거예요. 먹방 몇 번에 금방 원상 복귀되는 고무줄 몸무게 탓에 날씬한 몸에 대한 욕심은 버린 지 오래입니다. 어떤 이는 운동을 하면 수면의 질이 좋아진다고 하는데 저는 그것도 아니었어요. 운동과는 별개로 늦은 밤에 마시는 맥주 한 캔이 늘 숙면을 방해했습니다.

제가 기를 쓰고 운동을 하는 이유는 두 가지입니다. 하나는 노후준비. 재테크는 젬병이지만 먼 훗날을 위해 건강한 몸 하나는 준비해두고 싫었어요. 가정과 일, 무엇보다 나 자신을 꾸준히 가꾸고 있는데 몸이 망가진다면 너무 억울할 것 같았습니다. 튼튼한 두 다리로 세계를 누비고, 건강보조식품이 아닌 운동으로 건강을 유지하는 할머니가 되는 게 목표입니다.

또 다른 이유는 활력입니다. 저는 원래 정적인 사람인데 땀이 쏟아지고 심장이 팔딱팔딱 뛰는 그 느낌이 좋았어요. 아이들은 온종일 뛰는 게 일이지만 어른이 되면 사실 숨차게 뛸 일이 별로 없잖아요. 헤어라인 주변으로 땀이 송골송골 맺히기 시작할 때, 땀방울들이 모이고 모여 주르륵 흐를 때의 느낌은 운동을 하기 전에는 미처 몰랐던 것입니다. 화가 나면 속으로 삭이는 스타일인데 운동을 하면서 배운 들숨과 날숨 덕분에 스트레스 해소에도 큰 도움을 받았어요. 나를 괴롭히는 일이나 사람에 매몰되어 있는 것이 아니라 내 호흡에 집중하는 겁니다.

가벼운 몸과 불타는 의지로 시작했던 날은 한 번도 없었던 것 같아요. 늘 억지로 겨우겨우 시작했습니다. 어쨌든 시작만 한다면 중반 이후부터는 매트 위로 후드득 땀이 떨어져요. 그때부터 활력이 생기는 거죠. 결국, 마지막 전신 스트레칭을 할 때는 '아, 오늘도 운동한 나 자신을 칭찬한다. 역시 하길 잘했어.' 한답니다.

일단 운동하기로 마음 먹었다면 나한테 맞는 운동을 찾는 일이 우선입니다. 요가를 배워봤는데 너무 지루하고 고통스러웠어요. 문화센터에 방송댄스 수업을 신청했는데 몸과 마음이 따로 놀아 오히려 스트레스를 받았고요. 교사동호회에서 열심히 했던 배드민턴은 무릎 통증 때문에 오래 할 수 없었고, 가성비가 좋아 남편이 반가워할 걷기운동은 허리가 아파서 못했습니다. 먼 길을 돌아 알게 된 제게 꼭 맞는 운동은 집에서 하는 운동과 필라테스입니다. 집에서는 유튜브 영상을 보면서 30분씩 유산소운동을 하고요. 필라테스는 일주일에 두 번 센터에 가서 선생님에게 배워요.

운동의 당위성을 깨닫고 내게 맞는 운동을 찾았다고 해서 누구나 꾸준히 할 수 있는 것은 아닙니다. 습관이 무너지는 것은 한순간이에요. 9박 10일의 여행이 끝나고 돌아오면 바로 다시 운동을 시작할 줄 알았어요. 그전에 해온 게 있으니까요. 그런데 웬걸요. 며칠 안 했더니 또 안 하게 되는 겁니다. 다시 시작하기까지 꽤 오랜 시간이 걸렸어요. 체중계 위에 올라갔더니 '마지막 측정 이후 몸무게 차이가 있습니다. 사용자 본인이 맞으신가요?'라는 메시지가 떴습니다. 필요 이상으로 똑똑한 체중 측정프로그램이 원망스러웠어요.

가끔 연예인들을 보면서 그런 생각을 했습니다. '나도 저만큼 시간이 많으면, 보이는 게 직업이면 저 정도는 하지 왜 못해.' 얼마나 건방진 마음이었는지 몰라요. 매일 운동을 해보고서야 알았습니다. 멈추었다 다시 시작해보니 깨달았어요. 매일 운동을 한다는 게 얼마나 힘들고 대단한 일인지 말입니다. 더는 못하고 딱 고꾸라질 것 같은 느낌인데 선생님께서 "세 번만 더요. 두 번이요. 마지막이요." 하면 정말 울고 싶어요. 어쩌자고 나를 이렇게 괴롭히나 싶고요. 운동이 마무리될 즈음 선생님께서 운동기구를 닦으라며 물티슈를 꺼내는데 그 물티슈 뚜껑 따는 소리가 세상에서 제일 반가워요.

운동의 필요성도 절절하고 해보니까 좋은 것도 알겠는데 운동하는 시간만 되면 매일 생각합니다. '아, 진짜 진짜 하기 싫다.' 운동하기 싫은 이유는 매일 새롭게 넘쳐났어요. 오늘은 아이랑 싸우고 기분이 안 좋아서, 오늘은 몸이 무거워서, 오늘은 할 일이 너무 많으니까. 그 마음을 이겨내려면 어느 정도 강제성이 있어야 합니다.

필라테스는 돈을 냈으니 일단 가야죠. '나 하는 거 봐서', '내 일정 봐서' 찔끔찔끔 수강권을 끊으면 안 됩니다. 저는 한 번에 50회, 100회씩 끊었어요(그게 더 저렴하기도 하고요). 수강권에는 유효기간이 있고, 예약해두고 안 가면 그대로 돈이 날아갑니다. 저는 회원권을 다 쓸 때까지 그야말로 비가 오나, 눈이 오나, 바람이 부나 주 2회씩 꼬박꼬박 출석 도장을 찍었어요. 2019년 9월에 시작했는데 코로나로 센터 문을 닫았을 때와 제주 한 달 살이 때를 빼고는 정말 열심히 갔습니다.

저는 정말이지 필라테스 홍보대사를 자처했어요. 집에서 하는 운동도 재미있고 효과적인데 가끔은 전문가의 도움을 받아보라고요. 선생님의 큐에 맞춰 호흡을 하다 보면 운동 효과가 배가 되고요. 선생님의 터치 한 번에 운동 자세가 완전히 달라지고, 자극 부위가 분명해집니다. 우리 몸의 구조와 운동 원리를 배우고 익힌 전문가의 손길은 역시 달라요. 저는 그래서 '마법의 손'이라고 부릅니다.

필라테스는 버티는 운동이 아닙니다. 버티기만 하다가는 다칠 수 있어요. 필라테스를 배운 초기에는 선생님의 "한 번만 더! 한 번만 더!"가 정말 악마의 목소리처럼 들렸어요. 그렇지만 저는 그걸 또 해내고 싶었습니다. 남들보다 유연성이 떨어지니 버티는 것만이라도 잘 해내고 싶었어요. 하지만 그건 운동이 아니에요. 벌 받는 거죠. 자칫 큰 부상으로 이어질 수도 있고요. 나중에는 선생님이 아무리 "한 번만 더!"를 외쳐도 실실 웃으며 포기할 줄도 알게 되었어요. 내 몸이 뭐라고 하는지, 운동할 때만 들을 수 있습니다.

집에서 혼자 하는 운동은 강제성이 없어요. 그래서 더 힘듭니다. 보는 사람도 없는데 건너뛰고 싶은 생각이 굴뚝같아요. 나를 검사하는 사람을 만들었습니다. 매일의 운동 사진을 언니에게 보내기도 했고, 운동 과정을 정리해서 SNS에 올리기도 했어요. 뭐든 시작이 어렵잖아요. 저는 일단 운동시간이 가까워져 오면 레깅스로 갈아입고 다른 일을 했어요. 작은 옷에 큰 몸을 욱여넣은 수고가 아까워서라도 어쨌든 시작은 하게 되더라고요.

가끔은 과감해질 필요도 있습니다. 브라톱은 나의 힘. 예전에는 운동 꽤 한 사람, 자기 몸에 당당한 사람들이나 입는 것이라고 생각했는데, 아니에요. 처음이 어렵지 입다 보면 아무것도 아닙니다. 아무도 내 뱃살에 관심이 없어요. 거울 속 뱃살이 나에게만 말을 걸어요. '대체 어쩌려고 그래?' 혹은 '오호, 요즘 좀 괜찮은데?' 하고요.

몸무게는 저를 배신했지만, 근육은 배신하지 않더라고요. 울룩불룩 눈에 보이는 근육을 얘기하는 게 아닙니다. 저는 항상 4:1이나 5:1의 그룹 수업을 수강하는데 제가 봐도 스쿼트와 플랭크는 제가 제일 잘하는 것 같아요. 허벅지와 복부에 알찬 근육이 들어차 있나 봐요. 새로운 운동에 도전하고 나의 끈기를 시험하며 3년 동안 공을 들인 결과예요.

사람들이 운동을 못 하는 가장 큰 이유는 무엇일까요? 아마 '운동할 시간이 없어서'라고 말하는 사람이 많을 거예요. 저보다 꼭 열 살 많은 선배 교사의 조언이 생각납니다.

"애들 어릴 때는 정말 시간이 없어서 운동을 못 했어. 애들 다 키워 놓고 이제 드디어 내 시간이 생겼는데 할 수 있는 운동이 없네. 젊을 때 배워서 지금은 즐기는 수준이어야 하는데 이제 와서 새로운 걸 배우려니 다칠까 봐 겁나."

인생에서 가장 젊은 오늘, 지금 바로 운동을 시작해야 합니다.

책 속에 길이 있을까요?

육아서를 읽기 싫었습니다. 읽은 대로 못해서 괴로웠어요. 책에서는 경청과 공감이 중요하다고 했는데 처음에만 들어주다 이내 못 견디고 폭발했습니다. 윽박지르고 협박했어요. 책에서는 아이 행동에는 다 이유가 있다고 했는데 '도대체' 왜 그러는지 이유를 몰라 답답했습니다. 엄마 힘들게 하려고 일부러 그러는 것 같아 약이 올랐어요. 책에서는 부모가 보여준 대로 아이가 자란다고 했는데 나는 이렇게 노력하는데 아이는 제멋대로인 것 같아 억울했습니다. 아무도 알아주지 않고 이렇다 할 성과도 없는 제 노력이 공허하게 느껴졌습니다.

아이가 누워있을 때는 저도 꽤 자신만만한 엄마였어요. 수유 기간을 지켰고, 많이 안아주지 않았고, 신선하고 다양한 재료를 챙겨 맛있는 이유식을 만들었습니다. 아이를 안고 집안을 돌아다니며 "이건 거울이야. 모양을 비추어주지. 엄마도, 우리 아가도 거울 앞에 서면 두 명이 된단다. 정말 신기하지?" 종알종알 많은 이야기를 들려주었어요. 거실에 TV를 없애고 클래식 음악과 영어 동요를 온종일 틀어놓았습니다.

아이가 자라 본격적인 훈육이 필요해지면서 저는 육아의 갈피를 잡지 못했습니다. 책을 열심히 읽고 읽은 대로 실천하려고 노력은 하나 번번이 실패했어요. 남들은 잘만하는데 나는 왜 안 되는 걸까? 자책했습니다. 그 집 애는 손길대로 빚어지는 도자기처럼 엄마의 노력만큼 잘해내는데 우리 애는 왜 이럴까? 비교되고 질투가 났습니다.

틈만 나면 책을 읽는 제 모습을 보고 지인이 그랬어요. "읽는다고 뭐가 달라지냐? 책과 현실은 다르다. 그 집 애는 그 집 애고, 우리 애는 우리 애다." 저는 되묻고 싶었습니다. "그럼 대체 뭘 해야 달라지나요? 매일 어렵고 때때로 눈물 바람인 육아는 대체 어디서 누구한테 배워야 하나요?" 아무도 저에게 아이 잘 키우는 법을 가르쳐주지 않았습니다. 부모님을 사랑하고 존경하지만 제가 키워진 방식으로 우리 아이를 키우고 싶지는 않았어요. 어른들 말씀에 복종하는 게 미덕인 시대가 아니니까요. 그저 착하기만 한 아이로 만들고 싶지 않았습니다.

결국, 답은 책 속에 있었습니다. 읽은 대로 못 하는 제 자신이 바보 같았지만 안 읽는다고 달리 뾰족한 수는 없었어요. 읽고 나서 실천하느냐 마느냐는 결국 독자의 선택이고 숙제인데요. 저는 하루에 딱 하나만 실천하기로 했습니다. 아이는, 남편은, 세상은 제 실험 대상이 되었습니다. 어제의 내가 대조군이고 오늘의 나는 실험군이었어요. 실험에 성공하면 제 육아 자존감이 올라가는 겁니다.

아이 친구가 집에 놀러 온 날이었어요. 점심으로 자장면을 시켜서 먹고 있었는데 딸아이가 음식을 제대로 먹지 않고 장난만 쳤어요. 자장면, 탕수육은 그대로 두고 국물만 퍼먹질 않나 밥도 없는데 김을 싸 먹겠다고 고집을 부리질 않나. 그러더니 갑자기 자장면이 먹기 싫다면서 대성통곡을 합니다. 왜 ○○이 올 때마다 자장면만 먹느냐며 자기는 다른 게 먹고 싶었다고 짜증을 부립니다. 아빠가 "자장면만 먹은 거 아니다. 돈가스도 먹고 피자도 먹었었다."라고 '사실'을 말해줘도 막무가내입니다. 평소에 자장면을 아주 좋아하는 아이였고 그까짓 일로 뭐 저렇게 심하게 우나 싶어 당혹스러웠지요. 몇 번 달래줬는데 울음은 멈출 줄 모르고 저는 슬슬 짜증이 났습니다. 아이 친구와 아이 친구 엄마 앞에서 부끄럽기도 했고요.

"그게 울 일이냐? 먹기 싫으면 먹지 마라! 친구 초대해놓고 창피하지도 않냐?" 쏘아붙이고 싶었습니다. 그런데 바로 전날 읽었던 ≪오은영의 화해≫(오은영, 코리아닷컴, 2019)가 생각났어요. 배운 대로 말했습니다. "자장면이 먹기 싫다는 마음이 들 만큼 많이 힘들었구나. 엄마가 몰랐네. 미안해. 왜 그런 마음이 들었어? 뭐가 힘든지 엄마한테 말해 줄 수 있어?" 그랬더니 아이가 "엄마는 나한테는 뭐 먹고 싶은지 안 물어보고 ○○한테만 뭐 먹고 싶은지 물어봤잖아." 하는 겁니다. 정말 몰랐어요. 진심으로 사과했습니다. 다음에는 꼭 너한테도 물어본다고 약속했어요. 아이는 너무나 쉽게 울음을 그치고 다시 신나게 놀았습니다.

하굣길에 아이가 친구랑 줄넘기를 한다고 했어요. 둘이 신나게 줄넘기를 하고 있는데 마침 지나가던 같은 반 아이가 친구에게 다가오며 "너

줄넘기 진짜 잘한다!" 하고 칭찬해주는 겁니다. 딸아이는 갑자기 토라져 "나 줄넘기 안 하고 집에 갈래." 하고는 친구와 친구의 엄마에게 인사도 안 하고 집으로 가려고 했어요. 집에 와서 분명하게 가르쳐줬어요. 그 친구가 너는 칭찬 안 해줘서 속상한 마음이 들 수 있지만, 같이 줄넘기하기로 해놓고 인사도 안 하고 와버리는 것은 잘못되었다고 말했습니다. 하지만 아이는 자신의 잘못을 인정하지 않고 계속 친구가 잘못했다고 합니다. 좋게 말해주려던 다짐과는 달리 결국 소리치고 화내고 말았어요.

하필 그때 남편이 퇴근했습니다. 평소 같았으면 남편에게 아이가 무슨 잘못을 했는지, 그것 때문에 내가 얼마나 힘들었는지 말했을 거예요. 아이에게 소리치고 화낸 나의 행동이 '그럴 만했다'라고 정당성을 인정받고 싶어서 약간은 과장을 더해 하소연했을 겁니다. 남편은 '뭘 그런 걸 가지고' 하는 대수롭지 않은 표정을 짓고 저는 또 상처받았을 거예요. 그런데 마침 읽고 있던 《행동을 바꾸고 자존감을 높이는 부모의 말》(낸시 사말린, 푸른육아, 2016)의 한 문장이 떠올랐습니다. 배우자를 방관자로 만들지 않으려면 "당신의 도움이 필요해요."라고 말하라고 하더군요.

남편에게 오늘 있었던 일을 사실에 근거하여 말해주고, "어떻게 하면 좋을까?"라고 조언을 구했어요. 그랬더니 "뭐든 다 잘하고 싶어서 그러지. 잘하고 싶어 하는 마음이 예쁘잖아. 나중에 크게 되겠네. 크게 되겠어. 삐지고 인사 안 하고 그러는 건 크면서 점점 좋아지지. 커서도 그러면 문제지만 지금은 배우는 단계잖아." 세상에, 이렇게 주옥같은 말들이 쏟아질 줄 몰랐습니다. "역시 나처럼 걱정이 많은 사람은 당신처럼 대범한 사람을 만나길 잘했어." 남편을 띄워주려고 한 말이 아닙니다. 당장 눈앞의 문제에만 마음이 붙들려 전전긍긍하다 보면 진짜 중요한 다른 것들에 소홀해져요. 아이는 지금, 이 순간에도 배우고 익히며 성장하는 중입니다.

내 일이 아니라 아이의 일이라 더 어려워요. 잘 키우고 싶어 밤마다 육아서를 끌어안고 있지만 늘 나는 나쁜 엄마라는 죄책감을 느끼게 합니다. '읽는다고 달라질까?' 때때로 회의감이 들어요. 책을 통해 아이의 삶이 아닌 내 삶을 바꾸는 건 차라리 쉬웠습니다. 읽는 게 넘치니 결국 쓰고 싶어졌어요. 책을 한 권 쓰니 도서관에서 강연도 하게 되었고 인터넷에 제 이름을 검색하면 작가 파일이 나왔습니다. 글 쓰는 게 업은 아니지만 자기 전문 분야에서 책을 낸 사람들은 공통적으로 많이 읽는 것부터 시작했습니다. 읽으면 삶이 달라진다는 강력한 믿음을 가진 사람들이에요. 저 역시 읽는 것에서 그치지 않고 쓰는 인간으로 살고 싶습니다. 가능한 오랫동안요.

이왕이면 뻔한 글 말고 남과 다른 글을 쓰고 싶습니다. 바쁜 시간을 쪼개서라도 읽어봄 직한 가치가 있는 글을 쓰고 싶어요. 잘 쓰려면 많이 읽어야 합니다. 아이들이 인생책으로 꼽는 《푸른 사자 와니니》(창비, 2019)의 이현 작가는 그의 책 《동화 쓰는 법》(유유, 2018)에서 이렇게 말했어요.

"지금껏 나보다 동화를 많이 읽은 사람은 한 명도 보지 못했다. 그 어떤 책도 읽으면 도움이 된다. 읽고 또 읽어야 한다."

전문작가는 어떤 비책이 있어 이야기가 술술 나오는 줄 알았는데 아닌가 봐요. 그러니 저는 지금보다 더 많이, 성심껏 책을 읽을 것입니다.

글쓰기만으로 인생이
달라졌어요

책쓰기에 도전하기로 마음먹고 가장 먼저 든 생각은 '내가 과연 쓸 수 있을까?'가 아니라 '내가 과연 쓸 자격이 있는 사람인가?'였습니다. 아이들을 성공적으로 키워낸 엄마도 아니고, 유명인도 아니니까요. 그런데 일단 써보기로 했습니다. 제 꿈은 그저 작가일 뿐 베스트셀러 작가는 아니었으니까요.

첫 책 《초6의 독서는 달라야 합니다》(서사원, 2021)를 쓰면서 참 힘들었습니다. 책쓰기 강의를 듣거나 누군가의 코치를 받은 게 아니라 쓰기부터 출판사 투고까지 모두 책으로 배웠거든요. 책에서 배운 대로 쓰면서도 내내 막연했어요. 과연 내 글을 책으로 만들어주겠다는 출판사가 나타날까 확신이 안 들었기 때문입니다. 초고를 완성하고 총62개 출판사에 투고 메일을 보냈어요. 출판사 메일 주소도 서점과 도서관에서 직접 모았습니다.

다행히 출판사 여러 곳에서 연락이 왔어요. 선택은 오롯이 제 몫이었기에 고민을 많이 했습니다. 결과적으로 다정하고 단단한 출판사와 계약을 잘했어요. 계약서에 도장을 찍는다고 끝이 아니더라고요. 퇴고 과정은 더 어려웠습니다. 처음으로 제가 쓴 글을 다시 읽었을 때는 고칠 부분이 별로 안 보였어요. '어? 나 꽤 잘 썼는데?' 착각했습니다. 그런데 두 번, 세 번 읽다 보니 같은 낱말을 반복해서 쓴 게 보였어요. '굉장히'가 17번, '부담'이 16번 등장했습니다. 국어사전을 켜두고 유의어를 살폈습니다. 바꿀 수 있는 건 바꾸고 뺄 수 있는 건 뺐어요. 그래도 아직 많이 부족했습니다. 마지막에는 한 장씩 소리 내어 읽고 그 모습을 노트북 카메라로 녹화했어요. 동영상을 보며 어색한 부분을 고쳐나갔습니다. 대체 언제까지 고쳐야 할까? 아무리 고치고 또 고쳐도 마음에 찰 것 같지 않았어요.

힘든 과정이었지만 쓰다 보니 저만의 비법도 생겼어요. 하루에 쓸 목표량과 목표 시간을 정했습니다. 어느 책에선가 글자 크기 10포인트로 A4 85매 이상이 되면 책 한 권이 만들어진다고 하더군요. 저는 하루에 A4 2매씩 45일 동안 써서 총 90매를 채우기로 했습니다. 그리고 오래 앉아있다고 글이 잘 써지는 건 아니더라고요. 저는 딱 두 시간만 쓰기로 했어요. 타이머를 맞춰두고 알람이 울리면 그만 썼어요. 마음에 덜 차도 노트북을 과감히 덮었습니다. 그렇게 하지 않으면 금방 지쳤을 것 같아요.

첫 책을 내고 나서 많은 변화가 있었는데요. 가장 좋은 것은 사랑하는 가족의 지지와 응원이었어요. 남편은 주변 사람에게 적극적으로 책을 홍보했습니다. 회사에서 초등학교 고학년 자녀를 둔 동료를 수소문해 책을 선물하기도 하고, 본인의 SNS에 해시태그를 달아주었어요. 아이와의 추억을 영상으로 만들어 유튜브에 올리는데 그 영상 밑에 제 책 표지를 넣었습니다. 구독자가 많지 않으면 어때요. 그 마음이 정말 고맙잖아요. 딸아이는 새로운 도서관에 가면 제일 먼저 도서 검색대에서 제 책을 검색했습니다. 그 모습이 얼마나 뭉클했는지 몰라요. 어느 날은 놀이터에서 친구 엄마에게 "우리 엄마는요. 선생님인데 책도 쓰고, 강연도 해요."라고 말하더라고요. 민망하고 당황스러웠지만, 한없이 고마웠어요.

도서관에서 강연 섭외가 들어온 것도 큰 변화였습니다. 책을 쓰기 전의 삶에선 상상할 수 없던 순간이었으니까요. 강연하기 전에는 정말 부담스럽고 떨립니다. 하지만 막상 시작하면 너무 재미있는 겁니다. '내가 이렇게 말하기 좋아하는 사람이었나?' 싶을 만큼 흠뻑 취해 말을 쏟아내고 나면 또 자신을 돌이켜봐요. 부족한 점, 아쉬운 점을 찾는 겁니다. 그러니 그다음 강연은 조금 더 잘할 수 있게 되었어요. 강연하면서 제 자존감이 많이 높아졌습니다. 제가 미칠 수 있는 영향력의 범위가 교실 안에서 교실 밖으로 확장되었다는 사실이 마냥 신기했어요.

무엇보다 쓴 대로 살고 싶었습니다. 학교에서는 다정하고 열정적인 교사로, 집에서는 부족하지만 소신 있는 엄마로 살아내고 싶었어요. 독서교육이 아이들의 실력과 태도에 얼마나 좋은 영향을 주는지 직접 보았고, 본대로 글을 썼습니다. 글을 쓰면서 사례를 모으다 보니 그 믿음은 더 단단해졌고 학교 일정이 아무리 바빠도 함께 읽기는 멈추지 않았어요. 아이를 학교에 보내보니 학부모의 걱정과 불안을 이해하게 되었습니다. 학교를 잘 아는 교사엄마도 1학년이 힘든 건 똑같지만 학교 교육보다 가정 교육이 더 중요하다는 믿음으로 이 책을 씁니다. 아이가 학교에서 아무리 힘든 상황을 겪어도 단단한 엄마, 행복한 가정이 있다면 건강하게 성장합니다. 그래서 오늘도 나와 가정을 가꾸기 위해 노력해요.

출간하고 주변의 축하 인사를 받고, 도서관 강연 섭외를 받으면서 들뜬 시간을 보내는 것도 잠시, "두 번째 책은 쓰고 있냐? 주제는 뭐냐?"라는 안부가 부담스러웠습니다. 내 모든 경험과 비법은 첫 책에 다 실었는데 아무리 쥐어짜도 더 나올 게 없는데 어떻게 쓰란 말인지요. 남편친구들 모임에서는 '내 남편은 AI, 나는 AI 남편과 살고 있습니다.' 어떠냐며 농담을 걸어왔지만, 그 역시 편하게 들리지 않았습니다. 생각해 보니 첫 책은 교사로서의 제 정체성을 담아냈더라고요. 두 번째 책은 엄마로서의 정체성을 드러내 보기로 합니다. 엄청난 용기가 필요했지만 어쨌든 키워드부터 뽑았어요. 첫 책에서 '독서', '초등 고학년', '북토크', '이야기책'이라는 네 가지 키워드를 뽑고 쓰기 시작한 것처럼 말입니다.

마음은 먹었지만 마무리할 수 있을지 없을지 확신이 서지 않아 주변에는 알리지 않았어요. 혼자만의 고민이 시작되었습니다. '초고를 다 쓰고 투고할까? 아니면 출간기획서만으로 출판사 문을 두드려 계약부터 하고 쓰기 시작할까?' 계약하면 책임감 때문에 강제성은 있겠지만 그렇게 하지 않기로 했어요. 이 지루한 싸움 또한 저의 도전이고 도전은 늘 의미 있으니까요.

초고를 쓰기 시작하면서 늘 시간에 쫓겼어요. 조용한 산에 들어가 책 쓰기에만 열중하고 싶을 정도로 1분 1초가 아쉬웠습니다. 그러나 인스타그램에 새 글을 쓰는 것을 멈추지 않았어요. 제 인스타그램은 책 리뷰가 대부분이라서 책 읽는 시간까지 확보하려면 정말 바빴어요. 잠 자는 시간을 아껴서 글쓰기 연습을 했습니다. 인스타그램에서의 소통 덕분에 예비독자의 요구를 파악할 수 있었어요.

그래도 두 번째 책이라고 비법이 좀 업그레이드되었습니다. 우선은 일기장에 책에 인용할만한 에피소드를 모았습니다. 보통 일기는 하루를 마무리하는 저녁에 쓰잖아요. 저는 아니었어요. 무릎을 '탁' 치는 깨달음의 순간에 일기장 파일을 열었습니다. 그러니 제가 이 책에 쓴 내용 중에 엄마로서 잘 한 것 '처럼' 보이는 일들은 사실 처음부터 잘한 것이 아니라, 수많은 시행착오 끝에 깨달음을 얻고 잘하게 '된' 이야기입니다.

그리고 '하루 2시간 동안 A4 2매'를 쓰는 것은 이전과 같았는데 쓰기 전에 꼭 한 일이 있어요. 문장력이 좋은 책을 30분 정도 읽는 겁니다. 그렇게 하면 독자를 설득하는 논리력, 술술 읽히는 호흡을 따라 할 수 있었어요. 문장과 문장을 잇는 말로 '그리고', '그러나', '하지만', '그런데'만 주야장천 썼는데 '마침내', '곧', '비로소', '결국', '물론'과 같이 알고 있었지만 활용하지 못했던 단어들도 내 것으로 만들었습니다.

아이들에게 글쓰기 지도를 할 때 가장 강조하는 것이 바로 '키워드와 개요'입니다. 저는 4개의 키워드를 활용해 책의 목차부터 짰어요. 책의 목차는 글의 개요와 같아요. 밥을 먹다가도, 책을 읽다가도 생각나는 게 있으면 목차의 곁가지를 그려 넣었습니다.

누구나 한 가지 일에 깊은 애정을 품고 있어요. 어떤 사람은 커피에, 어떤 사람은 여행에 말입니다. 저는 그게 초등 고학년과 독서교육, 사랑하는 딸아이였습니다. 여러분의 마음속에는 어떤 보석이 있나요? 꺼내어 보여주세요. 그 비법, 저에게도 나눠주세요.

말한 대로 살고 싶어요

'나는 말할 자격이 있는가?' 늘 이 질문이 저를 괴롭혔습니다. 서울의 큰 도서관에서 강연섭외를 받고 준비하고 있을 때였어요. 친구에게 메시지가 왔습니다. 도서관 앞을 지나다 현수막을 봤다며 저에게 정말 대단하다고 했어요. 하필이면 그때 딸아이와 실랑이를 벌이다 화가 잔뜩 난 상태였습니다. '대체 저 아이는 왜 저럴까? 내 속으로 낳았지만 이해할 수 없다.' 뭐 그런 생각을 하며 속을 끓이고 있었어요. 내 아이 하나 어쩌지 못하면서 많은 학부모 앞에 서서 자녀교육을 이야기하고 또 그것으로 친구한테 대단하다는 소리를 듣는 게 부끄러웠습니다.

어느 토요일 오후 대면 강의를 마치고 부랴부랴 집으로 달려왔어요. 딸아이가 친구 집에 초대받아서 남편이 데려다준 상태였고 제가 끝나자마자 가서 함께하기로 했거든요. 둘이 놀기로 한 처음의 계획과 달리 아이는 같은 반 친구 다섯 명과 놀고 있었습니다. 땀을 뻘뻘 흘린 채로 낯선 엄마들 옆에 앉아 어색한 시간을 보내고 있었어요. 아이가 잘 노는가 싶더니 갑자기 "나만 안 끼워줘. 이럴 거면 난 갈 거야." 하며 놀이터 구석에서 신경질을 부리는 겁니다. 아이를 달래야 하나 지켜봐야 하나 망설이고 있는데 아이 친구 엄마가 "선생님이라면서요? 지안이가 엄마가 책도 쓰고 강연도 한다고 자랑하더라고요." 하는 겁니다. 그 순간 정말이지 쥐구멍에 숨고 싶었어요.

아무도 뭐라고 하지 않았지만 마치 '댁의 아이가 저 모양인데 남의 아이를 가르친다고요? 학부모들 상대로 강연을 한다고요? 어디 믿고 들을 수 있겠어요?'라고 손가락질하는 기분이 들었습니다. 그날은 아이도 정말 미웠어요. 두 손에 얼굴을 묻고 정말 펑펑 울었습니다. '내가 강연에서 말한 주제는 고학년 독서교육이다. 자녀교육 전반에 관한 것도 아니고, 우리 아이는 아직 고학년도 아니다. 학교에서 학생들과 실천했던 읽기와 쓰기에 관해 마음을 다해 전한 것이다.' 아무리 스스로를 다독여봐도 눈물이 멈추질 않았습니다. 교실에서 온 마음을 다해 독서 지도를 하는 나와 집에서 아이 마음 하나 헤아리지 못하는 내가 다른 사람 같아서 괴로웠어요.

첫 강연이 있던 날을 생생히 기억합니다. 집에서 차로 한 시간 반 거리의 도서관이었어요. 비대면 강의라 집에서 할 수 있었지만 직접 도서관에 가고 싶었습니다. 평소 잘 입지 않는 흰 블라우스와 치마도 샀어요. 혼자 운전해서 갈 수 있었지만, 남편이 데려다주겠다고 합니다. 신상된 상태로 운전하다 사고 날 수 있다고요. 아이를 맡길 곳이 없으니 아이도 함께 갔어요. 가는 길에 차 안에서 미리 준비한 대본에 코를 박고 있었어요.

"엄마, 그거 왜 봐야 하는데요?"

"음, 사람들이 엄마 이야기를 들으러 와주니까 엄마도 열심히 준비해야지."

아이는 그 이후로 도서관에 도착할 때까지 한 시간 넘게 저한테 말을 안 걸었습니다. 평소라면 절대 있을 수 없는 일이에요. 워낙 말하기를 좋아하고 할 말이 있어서 엄마를 부를 때보다 일단 엄마를 부르고 할 말을 생각할 때가 더 많은 아이니까요. 혹시 잠들었나 싶어 몇 번을 확인했는데 자는 게 아니었어요. 정말 저를 기다려준 겁니다. 아이가 할 수 있는 가장 최고의 방법으로 저를 응원해준 거예요. 가족들의 열렬한 지지, 학급 아이들의 기대를 받으며 첫 강연을 무사히 끝냈습니다. 임용고시 보는 것만큼 떨렸고 대학원 졸업하는 것보다 더 후련했어요.

첫 번째 강연을 별 탈 없이 해냈으니 두 번째, 세 번째는 수월할 줄 알았습니다. 어찌 된 일인지 회를 거듭할수록 더 떨리고 걱정이 늘어만 갔어요. '사람이 너무 많으면 어쩌지?', '사람이 너무 적으면 어쩌지?', '사람들이 강연 중간에 나가버리면 어쩌지?', '아는 사람이 있으면 어쩌지?', '중간에 말문이 막히면 어쩌지?', '컴퓨터 연결이나 준비한 자료화면에 문제가 생기면 어쩌지?', '시간이 부족하면 어쩌지?', '할 말 다 했는데 시간이 너무 많이 남아버리면 어쩌지?', '질문에 제대로 대답을 못 하면 어쩌지?' 셀 수 없이 많은 '어쩌지?'가 저를 잠 못 들게 했습니다.

연습으로 불안을 달래는 수밖에 없었어요. 할 수 있는 건 뭐든 했습니다. 일단 말하기와 관련된 책을 읽었어요. 어느 책에선가 A4 용지에 글자 크기 10포인트로 세 장을 꽉 채우면 15분 정도 말하기 분량이 나온다기에 열 장의 대본을 만들었습니다. 처음에는 열 장이었지만 연습하다 보니 자꾸 말이 추가되었어요. 부드럽게 다음 이야기로 넘어가기 위해, 보다 설득력을 갖추기 위해 말에 말이 덧붙여졌습니다.

대본을 여러 번 읽은 후에는 자료화면을 보면서 말하는 제 모습을 영상으로 촬영했어요. 내용만 잘 숙지하면 되는 줄 알았는데 영상으로 보이는 제 모습은 그야말로 처참했습니다. 어깨를 잔뜩 웅크리고 카메라 앞에 얼굴을 바짝 들이대고 있더라고요. '나 지금 긴장했어요.'라고 여실히 드러나 있었습니다. 말의 속도와 강약을 조절해야 하는데 처음부터 끝까지 계속 '빨리- 빨리-', '강하게- 강하게-' 말하고 있더라고요. 듣는 사람이 공감하고 생각할 시간을 전혀 주지 않았습니다. 제일 보기 싫은 표정은 다음 말을 생각할 때 눈알을 좌우로 되록되록 굴리는 거였어요. 제가 말할 때 그런 모습인 줄 전혀 몰랐습니다.

처음부터 다시 연습을 시작했어요. 말 잘하는 사람들의 강연 영상을 찾아보고, 좋은 점과 아쉬운 점을 분석했습니다. 강연이 코앞으로 다가왔을 때는 평일 저녁에도, 주말 아침에도 집 근처 스터디카페로 가서 연습했어요. 그러다 문득 '어? 나 원래 말하는 직업을 가진 사람인데?' 하는 생각이 들었어요. 매일 아이들 앞에서 말을 하는데 말하기를 따로 배운 적도, 연습한 적도 없다는 사실에 놀랐습니다. '그래, 더 연습하자. 단 한 번의 강연을 위해서가 아니라 앞으로 내 자리에서 더 당당하게 말하기 위해 계속 연습하자.' 그렇게 마음먹으니 연습이 더는 힘들지 않았어요.

강연이 끝나고 나면 늘 아쉬운 것만 마음에 남았어요. 눈을 찌르지도 않는 앞머리를 괜히 옆으로 넘기고 나도 모르게 입으로 '쩝' 하는 소리를 내고 손동작은 너무 과했어요. 물론 말하기 기술보다 중요한 것은 탄탄한 내용과 진정성 있는 태도입니다. 앞으로 현장에서 아이들과 어떤 것에 도전하고 경험을 쌓아야 하는지 조금씩 분명해졌어요. 어떤 분야의 책을 더 읽어야 하는지도 알게 되었어요. 강연은 남을 가르치는 게 아니라 나를 키웠습니다.

강연을 통해 더 많은 사람의 목소리를 듣고 싶습니다. 우리 교실 속 아이들, 학부모님들뿐만 아니라 더 나아가 다양한 환경에 처한 사람들의 고민이 무엇인지 궁금해졌어요. 학년에 따라, 개인의 수준에 따라 단계별로 어떤 처방이 필요한지 연구하고 싶어요. 그 연구결과를 다시 우리 교실에 적용하고 제가 쓰는 글에도 담아내어 많은 사람과 나누고 싶습니다. 어느 강연에선가 한 수강생이 이런 말씀을 해주셨어요.

"선생님을 어서 빨리 집마다, 학교마다 보급했으면 좋겠어요."

제가 가진 것이 크진 않지만, 아이와 함께하는 행복한 책읽기에 조금이나마 도움이 될 수 있도록 나누겠어요.

사람들 앞에서 '들을 만한' 말을 하고 싶어요. 이미 알고 있는 뻔한 얘기 말고 귀가 솔깃해지는, 강연 후 집으로 돌아갔을 때 오늘 당장 실천해봄 직한 얘기를 들려주는 강연자가 되고 싶습니다. 그리고 말한 대로 살겠어요. 남들한테 말한 그대로 교실 속 아이들도 우리 아이도 가르칠 겁니다. 한 줄 한 줄 추가되는 강연자 프로필이 스스로 부끄럽지 않도록 말입니다. 이 다짐이 저를 행복하게 만들어요.

작지만 선한 영향력을 지닌
사람이 되고 싶습니다

오래전에 친구가 '카.페.인'에 대해 들려주었습니다. 카카오스토리, 페이스북, 인스타그램은 시간과 자존감을 좀먹는 독이라고요. 결혼 전에 남편과 연애하면서 맛집이나 공연 관람 후기를 기록하던 페이스북은 손을 놓은지 오래였고요. 결혼 후에 소소한 일상을 기록하던 카카오스토리는 비밀번호를 잊어버려 본사에 문의했지만, 해결 방법이 없다고 했어요. 인스타그램은 계정조차 없었습니다.

물론 독이 되는 예도 있습니다. 하루의 많은 시간을 SNS를 하는 데 보내는 것이죠. 저는 생각의 속도가 빠르거나 표현이 능숙하지 못한 편이라 다양한 채널을 운영하지 못합니다. 유튜브, 블로그, 브런치 등을 꾸준히 관리하는 사람들을 보면 정말 대단하다는 생각이 들어요. 똑같은 24시간인데 어찌 시간을 쪼개어 쓰는 건지 궁금합니다. 생산효율이 떨어지는 저 같은 경우에는 SNS에 시간을 뚝 떼어주고 나면 다른 일이 항상 바빴어요.

콘텐츠를 생산하는 데만 시간을 들이면 그나마 다행이게요. 다른 사람의 SNS를 보는데도 엄청난 시간이 듭니다. 길을 걷다가도 습관적으로 SNS를 열고, 밤에 자기 전에 누워서 보다가 자야 할 시간을 훌쩍 넘긴 경험이 누구나 있을 거예요. 내가 별 관심이 없던 주제나 사람인데도 한 번 클릭하기 시작하면 끝이 없습니다.

시간보다 더한 독은 바로 상대적 박탈감입니다. 친구의 해외여행 사진, 명품가방, 다정한 남편을 보면서 부러워하는 마음은 그나마 초반에 극복했어요. '아, 비교하면 끝이 없구나. 차라리 보지 말자.' 그래서 저는 제 기록만 하고, 남의 것은 안 보고 앱을 닫아버리곤 했답니다. 그런데 제가 정말 질투를 느낀 것은 따로 있었어요. 능력에 대한 질투입니다. 분명 제 주변에는 책을 쓴 사람도, 재테크로 부자가 된 사람도, 뷰티용품 판매로 대박 난 사람도 없는데 그 세상에는 대단한 사람이 왜 그리 많은지요. 특히 저와 같은 초등교사인데 다양한 영역에서 활발한 활동을 하는 사람들을 보면 내 자신이 너무나 초라하게 느껴져서 괴로웠어요.

그럼에도 불구하고 저는 오늘도 SNS에 글을 올립니다. 제 경우에는 잃은 것보다 얻은 게 더 많으므로 꾸준히 할 계획입니다. 가장 본질적인 목적은 여전히 '독서기록'이에요. 나의 소중한 읽기 경험과 새로운 생각이 휘발되지 않게 기록해두는 것입니다. 지나고 나서 보면 정말 뿌

듯해요. 나만의 비공개 일기장이 아니기 때문에 대충 쓰지 않습니다. 쓰고, 다듬어서 다시 쓰고, 잘 쓰려고 연습하고 고민해요. 남이 읽을만한 글을 쓴다는 게 쉽지 않습니다.

처음에는 팔로워 수도 적었고, 내가 이걸 통해 무언가를 이루겠다는 대단한 목표의식도 없었습니다. 정보의 홍수 속에 과연 누가 내 글을 읽기는 할까 의구심도 들었어요. 읽어야 할 책은 무한한데 시간이 부족해서 다 못 읽는 것이지 '추천 책 목록'은 어디에나 넘쳐나잖아요. 그런데 어느 날 도서관에 가서 책을 고르다가 지인의 인스타그램에 접속하고 있는 저를 발견했어요. 학교도서관이나 동네도서관에 희망도서를 신청할 때도 마찬가지고요. 그냥 정보가 아니라 '믿을만한' 정보가 필요했던 겁니다. '이 사람의 추천이면 믿을만하다' 하는 마음이요. 저도 그런 정보를 제공하고 싶었어요. "책먹샘 덕분에 이 책 정말 재미있게 잘 읽었어요." 하는 댓글을 보면 기뻤습니다. 타인의 인정은 자존감을 높여줬어요.

고정적인 독자가 생기면서 그들의 요구도 파악할 수 있었습니다. "책먹샘 덕분에 이야기책 잘 읽고 있는데요. 비문학책도 추천해주실 수 있나요?" 저는 원래 이야기책 마니아입니다. 비문학책은 별로 안 좋아해요. 이야기책만으로 우리가 독서를 통해 얻고자 하는 대부분의 것 즉 문해력, 공감 능력, 창조적 상상력을 키울 수 있다고 믿었기 때문입니다. 그래서 학교에서 아이들에게 '골고루 읽어라'가 아니라 '재미있게 읽자'라고 얘기했습니다.

그런데 비슷한 내용의 댓글이 계속 올라오는 것을 보고 비문학책에도 관심을 두게 되었어요. 처음부터 괜찮은 비문학책을 고르기는 어려웠습니다. 그래서 문학과 비문학을 연결했어요. 예를 들어《동물농장》(조지 오웰, 비룡소, 2020)을 읽고 정치, 독재자, 여론 조작 등에 관심이 생겼다면《선생님, 정치가 뭐예요?》(배성호, 철수와영희, 2021) 같은 책을 찾아 읽었습니다.《AI 디케》(노수미, 마루비, 2021)를 읽고 인공지능이 일반화될 미래사회가 궁금해지면《10대라면 반드시 알아야 할 4차 산업혁명과 인공지능》(신성권, 팬덤북스, 2022)을 읽고 기록했습니다.

SNS는 새로운 사람과의 네트워킹도 가능하게 해주었습니다. 좋은 기회로 '책쓰샘(책 쓰는 선생님들의 모임)' 회원이 되었어요. 책 쓰기에 진심인 전·현직 초·중등교사들이 모여 서로의 성장을 돕고 응원했습니다. 책 쓰기뿐 아니라 어린이 경제교육, 소프트웨어 교육, 성인지 감수성 교육, 영어교육 등 다양한 분야로 배움의 폭이 확장되었어요. '어쩌다' 책을 쓴 사람은 없었습니다. 무수히 시도하고 실패하면서 비결이 쌓이니 그걸 토해내려고 책을 쓴 거예요. 각자의 강점이 뚜렷했습니다.

서점에 가보면 인스타그램 팔로워 늘리는 방법, 블로그로 돈 버는 방법 등 자극적인 제목의 책들이 많이 나와 있더라고요. 물론 저도 그 방법이 궁금하긴 합니다. 하지만 SNS를 시작하기로 마음먹었다면 비법보다는 철학이 중요한 것 같아요. 저는 나름대로 세 가지를 철저히 지켰습니다. 첫째, 도서 리뷰 제안에 응하지 않았어요. 처음에는 정말 신기했습니다. '나한테 이런 제안이? 내 계정이 홍보에 도움이 된다는 건가?' 하며 우쭐하기도 했어요. 가뜩이나 책 욕심 많은 제게 무료로 책을 보내준다니 솔깃했습니다. 그런데 생각해보니 오는 게 있으면 가는 게 있어야 하잖아요. 읽어보니 기대에 못 미치는데 솔직하게 쓰면 안 될 것 같았습니다.

둘째, 개인정보 유출에 주의했어요. 아이사진이 필요할 때는 뒷모습을 올렸고, 도서관에서 빌려온 책표지에 있는 지역 정보는 가렸습니다. 몇 년 전 일이에요. 아이와 여행한 곳을 콘텐츠화하여 3만 팔로워를 자랑하는 인플루언서를 우연히 마주쳤습니다. 아이와 엄마의 사진이 워낙 많이 올라와 있어서 연예인이 아닌데도 금방 알아봤어요. 엄마는 휴대전화를 보면서 빠른 걸음으로 앞서가고 있고, 아이는 시무룩한 표정으로 그 뒤를 따라가고 있었습니다. 분명 바쁜 일이 있었을 테고 아이는 기분 좋은 상태였을 수 있어요. 그런데 제가 보던 사진 속 분위기나 표정과는 너무 달라서 조금 당황스럽더라고요. 나는 모르는 사람이 나를 알아본다? 어쩐지 두렵지 않나요?

셋째, 타인의 평가에 의연할 줄도 알아야 합니다. 저는 평가받는 게 좀 낯설었어요. 교직사회 특성상 "당신의 학급운영은 비효율적입니다. 문제개선이 필요합니다."라고 하기보다는 각자의 신념과 다양성을 존중해주는 분위기니까요. 그런데 첫 책을 내고 각종 온라인서점이나 SNS에 올라오는 후기들을 읽으면서 엄청난 스트레스를 받았습니다. 악의 없이 남긴 솔직한 후기인데도 그 한마디를 곱씹느라 힘들었어요.

팔로워 4천도 안 되는 제가 너무 거창하게 얘기했지요? 아직 망설이고 계신다면 과감히 시도해보시길 권합니다. 지인과 일상을 공유하는 계정과는 별도로 공개 계정을 만드세요. 요리든 운동이든 엄마표영

어든 자신의 관심 주제 하나를 골라 집중해보세요. 제 경우에는 '어린이책 함께 읽는 초등교사'와 '8세 딸 엄마'라는 정체성을 가지고 #초등고학년추천도서, #가끔엄마책, #모두의그림책이라는 콘텐츠를 꾸준히 생산하고 있습니다. 그 안에서 제 존재가치를 확인하고 앞으로 제가 무엇을 더 공부하고 어떤 경험을 더 쌓아야 할지 배워요.

작은 도전이
쌓이고 쌓이면

어른이 되고 나서 도전보다는 포기와 타협에 익숙해졌습니다. 다른 사람의 치열한 성취를 보면서 '대단하다. 그런데 난 굳이 저렇게까지는 살고 싶지 않아. 지금 내 삶에 만족해.' 하고 생각해요. 그러면서도 내 아이는 도전을 두려워하지 않기를 바랍니다. 잘하지 못해도 좋으니 새로운 것에 주저 없이 뛰어들고 실패하더라도 다시 일어서길 원해요. 회복 탄력성, 그게 요즘 엄마들 사이에서 화두라면서요. 엄마가 도전하지 않으면서 아이에게는 도전을 바라면 욕심 아닐까요? 엄마가 실패해보지 않고 실패한 아이의 마음을 이해할 수 있을까요? 저도 겁이 많은 편이라 직업을 바꾼다거나 주식투자 같은 대단한 도전은 못 했어요. 아주 작은 도전부터 시작했습니다. 제가 했던 몇 가지를 소개해드릴게요.

《쓰는 습관》(이시카와 유키(이현욱 옮김), 뜨인돌출판사, 2022)이라는 책을 읽고 한 달 동안 글쓰기 챌린지를 했습니다. 쓰는 건 습관이 중요하잖아요. 책 뒷부분에 한 달 동안 도전해볼 만한 글쓰기 주제 서른 가지가 나와 있어서 시작은 어렵지 않았어요. 주제도 평범했습니다. '지금 가장 하고 싶은 것', '최근에 울었던 일', '내가 잘하는 것'과 같은 것들이었어요.

그런데 막상 써보니 쉽지 않았습니다. 온종일 그 주제를 떠올리면서 생활했어요. 진심으로 스스로에게 물었습니다. '너는 뭘 잘하니?' 하고요. 돌이켜보면 누구도 나에게 물어봐 주지 않았습니다. 꿈 많은 십대에는 스스로에게 물었고, 취업을 준비하던 이십대에는 세상이 나에게 물었는데 마흔이 되어 이 물음을 마주하니 낯설었어요. '직업적으로 뛰어난 성취를 이루었는가? 경제적 자유를 누리고 있는가? 아이를 잘 키웠는가?' 어느 것 하나 시원스레 대답할 수 없었습니다. 생각하고 또 생각해야 했어요.

생각을 기록으로 남기다 보니 어느새 한 달이 지났습니다. 30일간 글을 써 보고 두 가지 생각이 들었어요. 하나는 '아, 그동안 내가 나를 참 모르고 살았구나.'입니다. 나에 대해서 누구보다 내가 잘 안다고 여겼지만 공들여 나를 생각하면서 살진 않았더라고요. 늘 아이의 꿈, 고민, 감정, 강점, 행복에 대해서만 궁리했지 '너는 어때?' 하고 스스로에게 물어봐 주지 않았더라고요. 스스로에 대한 사소하지만 소중한 것들에 대해 알게 되었어요.

또 하나는 '이제 뭐 하지?'입니다. 도전도 습관이고 중독인가 봅니다. 한 달의 글쓰기가 끝나고 나니 어쩐지 아쉽고 뭔가 또 다른 도전을 해보고 싶은 마음이 들었어요. 멈추지 않고 끝까지 해냈다는 성취감이 용기를 불러일으켰습니다.

그렇게 시작된 새로운 도전은 바로 '1일 1페이지 그림책 공감 대화'입니다. 아이에게 그림책을 읽어주는 것, 그림책을 읽으며 대화하는 것이 중요하다는 것을 잘 알아요. 그런데 늘 어려웠습니다. 학교에서 교사로서 학생들과 하는 그림책 대화는 참 쉽고 재미있는데 내 아이와 하는 그림책 대화는 왜 그리 어려운지요. 일단은 마음이 급합니다. 빨리 읽어주고 재워야겠다는 생각이 앞서요. 제시간에 잘 재워야 내일 아침 일찍 일어날 테고 엄마도 좀 쉬니까요. 그리고 학생들을 대할 때보다 마음이 작아집니다. 교실에서는 아이들이 어떤 반응을 보이든 다 존중해주고 자기 생각을 말로 표현해준다는 것만으로 고마움을 느껴요. 그런데 우리 아이에게는 또 기준이 다른가 봅니다.

말 대신 글을 선택했어요. 아이와 잠자리에서 읽었던 그림책 중에서 좋았던 것, 더 이야기 나누고 싶은 것을 골랐습니다. 그리고 감정카드와 연결 지었어요. 좋고 싫음뿐만 아니라 정말 다양한 감정들이 있다는 것을 알려주고 싶었어요. '홀가분하다', '혼란스럽다', '곤란하다', '허전하다'와 같이 그 뜻을 알고 있으면서도 평소 아이와 대화할 때는 잘 쓰지 않는 단어들을 보여주고자 했습니다. '불안하다', '답답하다', '황당하다', '서운하다'와 같은 감정들을 느끼는 것은 나쁜 게 아니라 자연스럽다는 걸 가르쳐야 했습니다.

아이가 잠들면 조용히 이불을 걷어내고 나와서 식탁에 앉았어요.

그림책을 고르고, 한 장면(1페이지)을 고르고, 감정카드를 골랐습니다. 말로는 전하지 못했던 마음을 눌러 담아 짧은 글을 썼어요. 노란 포스트잇 한 장이면 충분합니다. 《집 : 우리 이야기가 시작되는 곳》(퍼트리샤 헤가티(김하늬 옮김), 봄봄출판사, 2022)이라는 그림책은 '편안하다'라는 감정카드와 연결 짓고 이런 글을 남겼어요.

"지치고 힘들 때, 친구랑 다투고 속상할 때 집으로 와. 엄마가 따뜻한 밥 해놓고 기다릴게. 엄마 무릎 베고 한숨 자고 나면 마음이 조금 편안해질지도 모르잖아."

세상에서 가장 소중하고 사랑하는 딸이지만 시간이 부족해서, 욕심이 앞서서 서툴기만 했던 말들을 바로잡았습니다. 단어를 가려내고 문장을 다듬으면서 아이를 떠올렸습니다. 그렇게 써 내려간 엄마의 고백은 밤을 건너 아이에게 닿았어요. 이제 아이는 눈 뜨면 제일 먼저 식탁으로 달려와 엄마의 쪽지를 찾습니다. 대단한 것도 아닌데 선물을 받은 듯 함박웃음을 지으며 하루를 시작해요.

또 다른 도전은 아주 엉뚱한 곳에서 매우 갑자기 시작되었습니다. 시립도서관에서 초등학생 학부모를 대상으로 독서법과 관련하여 강연할 때 일입니다. 한 어머님께서 이런 질문을 하셨어요. "재미있는 책을 골라주는 게 너무 어려워요. 선생님은 책을 어떻게 고르세요?" 제가 이전 책에도 썼고 강연할 때마다 늘 똑같이 말합니다. "너무 바쁘시죠? 제가 대신 읽어드릴게요. 제가 많이 읽으니까 제가 대신 골라드릴게요."라고요. 그런데 생각해보니 제 책을 읽는 독자도, 제 강연을 듣는 청자도 모두 어른이더라고요. 진짜 중요한 것, 그리고 제가 정말 잘하는 것은 어린이의 마음을 움직여 책을 읽게 만드는 일인데 말입니다.

그래서 온라인으로 어린이 북클럽을 모집했습니다. 책보다 유튜브가 재미있다고 느끼는, 책 고르기가 어려운, 인생의 지혜를 책에서 찾고 싶은 초등 5학년 어린이라면 누구나 신청할 수 있도록 했어요. 매주 금요일 밤 9시, zoom으로 만나서 제가 책 소개를 하면 아이들은 주말에 도서관에 가서 해당 책을 빌립니다. 책을 읽고 독서감상문을 써서 메일로 보내면 제가 읽고 난 느낌을 적어 답장을 보내주었어요. 첨삭이 아닌 응원과 공감의 마음을 담았습니다.

시작은 의욕이 넘쳤으나 그 과정은 고민의 연속이었어요. '나는 재미있게 읽었는데 어린이들도 재미있다고 해줄까?', '책은 재미있게 읽었지만 글쓰기가 싫다는 아이들, 글쓰기 싫어서 북클럽 자체를 하기 싫다는 아이들, 어떻게 유혹하지?', '엄마는 하라고 하고 아이는 안 한다고 하고, 괜히 나 때문에 갈등이 생기는 건 아닐까?' 제 고민을 대신 해결해 줄 사람은 없었습니다. 제가 더 많이 읽고, 더 열심히 고르고, 어떤 방법으로 소개하면 아이들이 흥미를 보일까 이리저리 따지고 연습해보았어요.

진심이 통했는지 많은 아이와 학부모님들이 좋아해 주셨습니다. "아이가 책으로 설레는 모습을 보니 좋습니다. 다음 주도 기대됩니다.", "주말 아침에 10시 땡, 도서관 문 열자마자 책 빌려왔습니다. 저희 아이가 매일매일 하고 싶은 북클럽이라고 하네요."와 같은 감사 인사를 들으니 도전하길 참 잘했다는 생각이 들었어요. 학교 밖 세상은 저에게 여전히 낯설고 한편 위험하기까지 한데 한 걸음 내디뎌 보았습니다. 예기치 못한 공격도 받고 상처도 입겠지만 괜찮아요. 아이가 앞으로 만날 수많은 좌절에 가슴 깊이 공감하고 지혜를 나눌 수 있으니까요.

작은 도전들이 쌓이고 쌓이면서 저는 성장했습니다. 어제보다 조금 나아진 자신을 돌아보며 괜찮은 사람이라고 다독일 수 있었고 도전의 기록들이 쌓이면서 아이에게 해줄 말이 생겼어요.

불안을 소신으로 바꾸는 방법

1학년 담임선생님과 첫 대면 상담을 하던 날이었어요. 교사로서 그동안 수차례 상담을 했음에도 너무나 떨리고 긴장되었습니다. 학부모의 어떤 태도가 신뢰감을 주는지 혹은 무례하다 느껴지는지 이미 잘 알고 있었는데 상담 날짜가 잡힌 순간부터 인터넷으로 '학부모 상담 꿀팁'을 계속 검색했어요. 꿀팁을 몰라 걱정되는 게 아닌데도 말입니다. 제가 생각해도 딸아이가 다루기 쉬운 아이는 아니었어요. 좋게 말하면 섬세하고 나쁘게 말하면 예민한 아이였습니다. 선생님의 부정적인 평가가 두려웠던 겁니다.

아니나 다를까 선생님은 20분 동안 아이의 단점만 들려주셨어요. '자기주장이 너무 강하다. 때로는 교사의 의견도 받아들이지 못한다. 목소리가 커서 갈등상황에서 마이너스 요인이 된다.'가 주된 내용이었습니다. 부끄러워 고개를 들 수 없었습니다. 제 걱정을 알게 된 친구는 "모난 건 자라면서 둥글어질 거다. 목소리를 못 내도 속이 곪는다. 자기 주장 강한 게 뭐가 걱정이냐."고 했어요. 다 괜찮아질 거라고. 정말 다 괜찮아질까요? 미래를 보고 싶었습니다. 정말 우리 아이가 괜찮게 잘 자라는지 알고 싶었어요. 첫 학부모상담, 그날의 참담함은 이루 표현할 수 없었습니다.

그즈음 아이와 집 근처 사찰에 갔어요. 가을 단풍이 아름답게 물든 고즈넉한 곳에서 마음을 다스려볼 요량으로요. 무지개가 선명하게 뜬 연못과 이름 모를 들꽃을 지나 높은 계단을 올랐습니다. 법당에 처음 으로 들어가 봤어요. 두 손을 모아 기도를 하거나 절을 하는 사람들을 보니 절로 숙연해졌습니다. 그들이 그토록 간절히 비는 것은 무엇일까 요? 아마도 자식의 안녕이겠지요. 자기 자신의 건강이나 성공을 비는 사람은 별로 없을 거예요. 아무리 노력해도 안 되는, 부모가 대신해줄 수 없어 더욱 애타는 게 자식의 일입니다.

저도 모르게 가슴 앞에 두 손을 모았어요. 정말 누군가 제 소원을 들어준다면 무엇을 빌까요? 아무리 생각해도 아이에게 바라는 건 없더 라고요. 가만히 되뇌었습니다. '제가 저 아이를 믿게 해주세요. 믿고 기 다리게 해주세요.' 그 두 마디에 속절없이 눈물이 흘러내렸습니다.

"엄마, 울어? 왜 울어?"

"그러게 갑자기 눈물이 나네. 마음이 복잡한가?"

"왜 마음이 복잡한데?"

"그러게 왜 마음이 복잡할까? 걱정이 많아서 그런가?"

"왜 걱정이 많은데? 내가 엄마 힘들게 해서?"

마음이 와르르 무너졌어요. 엄마를 걱정할 줄 아는 아이, 그 사랑을 표현할 줄 아는 아이, 이만하면 정말 잘 자라고 있는 겁니다. 아이는 흔들림 없이 자기 역량대로 잘 자라요. 엄마의 불안만 내비치지 않는다면 말입니다.

엄마의 역할을 너무 신성시하지 마세요. 아이의 모든 성장이 엄마에게만 달린 게 아닙니다. 한 배에서 나와 똑같이 길러도 형제마다 얼마나 다른지 생각해보세요. 심지어 쌍둥이도 성격부터 습관, 삶의 태도까지 완전히 다른 경우가 많습니다. 그러니 엄마의 영향이 백 퍼센트는 아닌 겁니다. 아이가 나쁜 평가를 받으면 '큰일이다. 내 탓이다. 어디서부터 잘못된 걸까? 내가 뭘 놓친 걸까?' 엄마 마음이 분주해집니다.

애쓰되, 너무 무겁지는 마세요. 아이의 발달단계와 심리, 올바른 훈육법을 공부하고 더 나은 방향으로 나아가야 하는 것은 맞습니다. 하지만 엄마도 때로 게을러지고 싶고 도망가고 싶어요. 아이가 밉기도 하고 괜히 남 탓도 하고 싶습니다. 우리는 모두 잘하고 있어요. 그러면 충분합니다. 내 인생에서 무언가를 위해 이렇게 노력한 적이 또 없잖아요.

밤새워 뒤척여도 걱정과 불안이 사라지지 않는다면 벌떡 일어나 눈에 빤히 보이는 문장으로 적어보세요.

'선생님께 미움 받을까 봐 걱정된다.' 뭐가 걱정인가요. 엄마가 더 많이 사랑해주면 됩니다.

'친구들과 못 어울릴까 봐 걱정된다.' 학교 끝나고 놀이터에서 노는 걸 보면 잘만 어울립니다. 집으로 데려온 친구랑 아주 잘 놀아요. 캠핑

장에서 처음 만난 친구와도 금방 사귑니다. 걱정을 무색하게 할 사례들이 차고 넘쳐요.

'학교생활로 인해 자존감이 낮아질까 걱정된다.' 매일 많이 웃고 행복한데 자존감이 낮을까요? 아닙니다. 자신이 사랑받아 마땅한 존재라는 사실을 온몸으로 표현하는 아이를 두고 자존감 걱정은 할 필요가 없어요.

적다 보면 깨닫습니다. 내 걱정이 모두 쓸데없는 것이었음을 말이에요. 똑같은 내용의 걱정을 친구가 한다면 "그거 별거 아니야. 너무 걱정하지 마." 하고 얘기할 것을 끙끙거리고 있었던 겁니다.

엄마의 역할에 무게를 좀 덜어내도, 마음속에서 꺼내어 글로 적어 보아도 여전히 불안합니다. 당연해요. 내 일이 아니니까요. 내 목숨보다 귀한 아이의 일이니까 더 불안합니다. 시간이 쌓여도 엄마 노릇은 노련해지지 않으니까요. 1만 시간의 훈련을 하면 어떤 분야의 전문가가 된다는 법칙도 엄마 노릇에는 안 통합니다. 정신건강의학과 의사도, 아동 심리상담사 1급 보유자도, 13년 차 초등교사도 내 아이 교육은 매일 어렵습니다. 초등교사라는 직업인으로서는 느껴보지 못한 열등감을 엄마로서는 시도 때도 없이 느낍니다.

불안한 건 맞지만 불행하지는 않습니다. 아이가 있어 행복해요. 누군가 내 존재 이유를 물으면 서슴없이 아이라고 대답할 만큼 아이 없는 인생을 상상할 수 없습니다. 지금의 이 행복을 붙들고 꿋꿋하게 나아가면 됩니다.

아이는 결국 아이의 인생을 살 것입니다. 《역사의 쓸모》(다산초당,

2019) 최태성 선생님이 한 인터뷰에서 이렇게 말했어요.

"교직에 21년 있었다. 그러다 보니 첫 제자들이 40대다. 그 제자들을 보며 이런 생각이 들었다. '아, 다 잘 사는구나.' 내가 왜 그렇게 조바심을 가졌을까. 그냥 좀 넉넉하게 믿어주고 응원해주면 되는데. 아이 마음에 왜 생채기를 냈을까 후회된다."

몇 해 전 졸업식에서 아이들을 보내고 혼자 남아 교실 청소를 하는데 한 어머님이 조심스레 교실 문을 두드리셨어요.

"안녕하세요, 선생님. ○○이 엄마입니다. 일 년 동안 우리 아이 잘 보살펴주서서 정말 감사했습니다."

그 한마디를 하시는데 벌써 눈시울이 붉어지셨어요. ○○이는 자기 색깔이 뚜렷한 아이였어요. 좋고 싫은 것도 분명해서 한 번 싫으면 끝까지 하지 않았지요. 꼭 저희 아이 같았답니다. 자기 개성보다는 타인과 어울림을 강조하는 학교에 보내놓고 얼마나 마음고생을 하셨을지 짐작할 수 있었어요. "제가 뭘 잘못 한 건지, 어디서부터 잘못된 건지 모르겠어요." 하시며 눈물을 흘리셨습니다. 제가 어머님 손을 꼭 잡으며 말했어요.

"어머님, ○○이는 심지가 굳어서 무슨 일을 하든 잘 해낼 거예요. 단점보다 장점이 훨씬 많은 아이랍니다. 걱정 안 하셔도 됩니다."

불안 때문에 자책하지 마세요. 아이 마음에 상처 주는 말도 하지 마세요. 아이는 결국 잘 자라서 잘 삽니다.

한 주제 열 권 읽기

책 욕심을 주체할 수 없어요. 이 책을 읽으면서도 저 책을 읽고 싶고, 손에 책을 쥐고 있으면서도 또 다른 책이 궁금합니다. 내 시간과 에너지는 한정되어 있는데 읽고 싶은 책이 쌓일 때마다 조바심이 나기도 합니다. 그 많은 책 중에 과연 어떤 책을 읽을 것인가? 제가 원래 책을 고르는 방식은 이랬습니다. 인상 깊게 읽은 책 속에 소개된 책, 그 작가의 다른 책, 그 출판사의 다른 책을 신뢰했어요. 그때마다 읽을 책 목록을 만들었습니다. 그런데 목록이 쌓이다 보니 나중에는 어디 있는지도 모르고 잊어버리기도 했어요. 일부는 사진으로, 일부는 한글파일로 보관했거든요.

문제는 읽고 또 읽어도 '읽고 싶은 책 목록'이 줄어들지 않는다는 겁니다. 줄어들기는커녕 인터넷서점 팝업창에서, 인스타그램 피드에서,

서점의 베스트셀러 코너에서 또 다른 책들이 쉬지 않고 저를 유혹했어요. 마구잡이로 읽은 책의 내용은 휘발성이 강했어요. 읽긴 읽었는데 제목만 겨우 기억날 때도 있었습니다. 분명 읽을 때는 크게 깨닫고 뜨겁게 공감했는데 말이에요.

또한, 독서량이나 집중력의 기복이 심했어요. 어떤 때는 책을 걸신스럽게 내리읽어 댔습니다. 책을 읽고 있는데 누가 말 시킬까 봐 겁나고 자는 시간도 아까웠어요. 비록 시간은 부족하지만, 그 많은 책을 읽고 또 읽는 뇌의 무한한 용량이 고마웠습니다. 읽는 것에서 멈추지 않고 부단히 생각하고 생활에서 실천하려고 노력하는 저 자신이 기특했어요. 그러나 종종 그 흐름이 뚝 끊어지기도 했습니다. 운동을 매일 하다가도 한 번 멈추면 다시 시작하기 어려운 것처럼요. 사그라져 가는 독서의 불씨를 다시 살리는 건 꽤 힘들었어요.

좀 더 체계적으로, 전투적으로, 무엇보다 끊김 없이 읽을 방법을 고민하다 생각해낸 것이 '한 주제 열 권 읽기'입니다. 1월에 새해계획을 세웠을 때 독서 관련 세부목표가 바로 이 '한 주제 열 권 읽기'였어요. 처음에는 어떤 주제의 책을 탐독해볼까 몇 가지 키워드를 적어보기도 했는데요. 결국, 그 주제는 내 고민에서부터 출발했습니다. 시기별로 새로운 고민이 생겼어요.

1, 2월에는 아이가 초등학교 입학을 앞두고 있었기에 자연스럽게 입학 준비와 관련된 책을 읽었습니다. 초등교사로 13년을 살았지만 내 아이 1학년은 정말 긴장되었어요. 3, 4월은 제주 한 달 살기를 계획하면서 비행기표도 예매하고 숙소도 알아보던 시기였는데 학교 밖에서

어떤 배움이 일어날까를 고민했습니다. 놀이, 체험학습, 여행육아, 한 달 살기 책들이 눈에 들어왔어요. 5, 6월에는 아이와의 관계가 힘들었습니다. 학교생활에 잘 적응한 것 같아 마음을 놓고 있었는데 고집, 말대꾸, 친구와의 갈등에 대해 조언을 하다 보니 자꾸 언성이 높아졌어요. 엄마의 화는 어떻게 다스려야 하는지, 아이의 감정은 어떻게 읽어줘야 하는지, 사랑을 독차지하면서도 이기적이지 않은 아이로 키우려면 어떤 말을 해줘야 하는지 공부했습니다.

지금은 글쓰기 관련 책들을 읽고 있습니다. 읽을 만한 문장을 짓는 방법, 내가 쓴 글이 책이 되게 만드는 방법, 좋은 출판사를 만나기 위한 매력적인 기획서를 쓰는 방법이 궁금해요. 어떻게 하면 나의 경험과 성찰이 독자들에게 가닿을까를 고민합니다. 진정성 있는 글로 독자들의 마음을 흔들고 싶어요. 지금 당신이 읽고 있는 이 책이 그랬으면 좋겠습니다.

주제가 정해지면 읽을 책 목록을 미리 준비했어요. 제 인스타그램에 '한 주제 열 권 읽기'와 관련한 글을 올렸더니 어떤 분이 계속 새로운 주제가 떠오르는 게 신기하다고 했어요.

주제를 강박적으로 계획한 적은 없습니다. 그저 그 시기에 제가 풀지 못한 문제와 관련한 것이었어요. 세상의 화젯거리인 키워드로부터 출발한 게 아니라 나 자신으로부터 출발했기 때문에 주제 정하기는 어렵지 않았습니다.

목록을 준비하기는 더 쉬웠어요. 도서관에서 같은 책꽂이에 나란히 꽂힌 책들을 보면 주제가 유사합니다. 제목을 쭉 훑어보면서 내 고민을 보다 구체적으로 해결해줄 수 있는 책을 고르거나 평소에 신뢰하고 있던 출판사의 책을 뽑아 들면 됩니다. 인터넷서점 홈페이지에 들어가 '이 책을 구매하신 분들이 함께 구매하신 상품입니다'를 참고하는 것도 좋은 방법이에요.

이렇게 목록을 미리 준비해두면 다음 주제의 책으로 빨리 넘어가고 싶어요. 궁금해 미치겠어요. 그러니 현재 주제에 더 집중하게 되고 탄력이 붙어서 쭉쭉 읽어나가요.

저는 이 책의 투고와 계약이 마무리되고 나면 '학습법'에 관한 책을 읽을 생각입니다. 아이 1학년 때는 실컷 노는 것에만 집중했는데요. 그러느라 혹시 놓친 것은 없는지, 2학년이 되기 전에 겨울방학 동안 잡아줘야 하는 학습습관에는 어떤 것들이 있는지 궁금합니다. 궁극적으로 부모 잔소리 없이도 스스로 공부하고 싶은 의욕은 어떻게 북돋워 주는지 알고 싶어요. 현재 저희 집 냉장고 문에는 《이토록 공부가 재미있어지는 순간》(박성혁, 다산북스, 2020), 《그렇게 말해주니 공부하고 싶어졌어요》(한혜원, 위즈덤하우스, 2021), 《아이가 공부에 빠져드는 순간》(유정인, 심야책방, 2021) 같은 책 제목들이 붙어있습니다.

이렇게 목록을 미리 준비하는 것은 어쩌면 뜸을 들이는 과정일지도 모르겠어요. 충분히 무르익은 과일이 달고 맛있는 것처럼 냉장고 문을 열 때마다 목록을 살피고 다듬어요. 그러면 그 주제를 읽기 시작하자마자 깊이 빠져듭니다.

이렇게 '한 주제 열 권 읽기'를 꾸준히 해보니까요. 제가 가진 문제를 해결해주지는 못해도 문제에 대한 명확한 방향을 제시해주었습니다. 저자의 삶을 똑같이 따라 하지는 못해도 제가 가진 조건과 인생 철학에 맞는 적절한 실천법을 배울 수 있었어요. 열 권 이상을 연달아 읽다 보니 책 속에 있는 것만 흡수하는 게 아니었어요. 책 내용을 넘어선 저만의 새로운 아이디어도 떠올랐습니다.

어린이의 독서에도 이 방법을 적용하면 좋겠어요. 초등독서 지도와 관련해 강연을 다니다 보면 가장 많이 듣는 질문이 있습니다.

"어떻게 하면 아이가 책을 골고루 읽게 할까요?"

저는 일단 "골고루 읽지 않아도 됩니다." 하고 말씀드려요. 한 분야에 치우쳐 읽어도 충분히 문해력, 생각하는 힘, 글쓰기 실력을 키울 수 있으니까요. 그런데도 골고루 읽히고 싶다면 아이의 관심과 고민으로부터 출발해야 합니다. 아이가 유행에 유난히 민감할 수도 있고, 이성 교제나 부자들의 삶에 관심이 있을 수도 있어요. 게임중독이나 부모와의 갈등을 고민하고 있을지도 모르죠. 관련된 책을 찾다 보면 문학뿐 아니라 비문학까지 두루 섭렵할 수 있습니다.

바로 지금, 당신의 고민은 무엇인가요? 엄마로, 아내로, 주부로, 직장인으로, 여자로 살아가는 오늘 하루가 만만치 않습니다. 자녀교육, 가족갈등, 건강, 인간관계, 승진 등 뜻대로 되지 않는 일이 왜 이렇게 많은지요. 나를 가장 괴롭히는 문제부터 접근해보세요. 관련 책 열 권을 쌓아두고 다양한 실패담과 비법을 들여다보면 자신만의 실마리를 찾을 수 있을 겁니다.

새로운 사람들,
낯선 이야기를 만나보세요

제가 맺고 있는 인간관계를 돌아보았습니다. 가족, 친구, 직장동료, 그리고 아이 친구의 엄마였어요. 그들과 매일 무슨 이야기를 할까요? 가족과는 "오늘 저녁 뭐 먹지?", "주말에 아이 데리고 어디 가지?", 친구와는 "옛날에 우리 참 재미있었지.", "요즘 남편 때문에 너무 힘들어." 뭐 그런 얘기를 합니다. 옆 반 선생님과는 관리자 이야기, 학급 아이들 이야기, 아이 친구의 엄마와는 당연히 아이 키우는 이야기가 주를 이뤄요.

그들이 주는 공감과 위로는 대단합니다. 그런데요. 나의 불안을 덜어주진 못했습니다. 오히려 더 부추기기도 했어요. 우리 아이는 학교에서 선생님께 주의받기 일쑤인데 아이 친구는 "아이를 어떻게 그렇게 키우셨어요?"란 얘기를 들었다고 하니 한숨이 나옵니다. 아이는 저만의 색깔대로 잘 자라고 있는데 그런 얘기를 들으면 내 아이가 부족해 보이고 내가 뭔가 못 해줘서 그런가 싶어요. 아이 친구가 어느 영어 학원 최고 레벨의 클래스란 소식을 들으면 그날 내 아이가 읽는 영어 그림책이 초라하게 느껴집니다.

차라리 아무 얘기도 듣지 않았더라면 내 삶에 충분히 만족하고 감사했을 텐데 비교는 언제나 사람을 불행하게 만들었어요. 너무나 예쁜 내 아이가 다른 집 아이 때문에 갑자기 미워지고 뭐라도 더 하라고 채근하게 됩니다. 그러고 나면 정말 괴로워요. 괜히 만났다 싶고요. 만남을 후회하면서 다음에 또 만나면 같은 이야기를 나눕니다.

새로운 이야기가 없는 인간관계를 탈출하고 싶었어요. 예전에는 동호회 활동도 하고 낯선 만남에 주저함이 없었는데 나이가 들수록 인간관계가 좁아집니다. 무엇보다 시간도 부족하고요. 그래서 제가 찾아낸 방법은 새로운 곳에 가면 그곳의 사람과 이야기를 만나려고 노력하는 것입니다.

북스테이에 가면 책만 읽는 게 아니에요. 책방지기와 잠깐이라도 이야기를 나눕니다. 이때 아이도 함께하면 더 좋아요. 어떤 일을 하다가 책방을 차리게 되었는지, 앞으로 책방의 미래는 어떻게 꾸려갈 것인지 들어봅니다. 대부분은 저보다 연장자이기 때문에 살아온 이야기를 듣는 것만으로 삶의 방향성에 대해 생각해보게 돼요. 여행자들의 기록도 저를 돌아보게 합니다. 고단한 일상을 살아내다 더는 못 버티겠다 싶어서 찾아오는 곳, 그곳에서의 깨달음을 담은 방명록은 어지간한 자기계발서보다 낫습니다. 각자의 고민이 다 다르지만 저마다 치열한 삶을 살아내는 사람들의 이야기는 그 자체로 큰 배움이었어요. 글로 그 사람을 만났습니다.

템플스테이에 가면 스님과의 차담 시간이 있어요. 종교적 믿음과 상관없이 수행자로 사는 삶은 존경스러워요. 저는 어느 것 하나 내려놓지 못하고 아등바등 살고 있는데 그들의 표정에서 걱정과 불안은 찾아볼 수 없습니다. 평온해 보여요. 스님 말씀 중에 기억에 남는 것이 하나 있어요.

"우리가 지금 가족으로 다시 만난 것은 은혜를 갚기 위해 혹은 원수를 갚기 위해서이다. 얽히고설켜 맺힌 것 없이 다음 생에 다시 만나지 않으려면 지금 잘해줘라."

그 얘기를 듣는데 남편과 눈이 마주쳐서 웃었어요. '당신한테 정말 잘해줄게.' 하는 서로의 마음을 읽은 걸까요? 혼자 책에서 읽었다면 그만큼 생생하지 않았을 거예요. 남편과 마주 앉아 전통 다기세트를 앞에 두고 김이 모락모락 피어오르는 보이차 향을 맡으며 들은 이야기라 더 강렬했습니다.

문화관광해설사, 숲 해설사와의 만남도 의미 있습니다. 가끔 박물관이나 고궁에 가면 선생님 한 명에 아이들 여럿이 함께 다니는 모습을 볼 수 있는데요. 아이들만 배우는 게 아니에요. 그런 해설은 어른이 들으면 더 재미있습니다. 제가 대학교 때 나비를 연구하는 동아리에서 활동했는데요. 일 년에 한 번씩 전시회를 열었어요. 테이블 위에 나비표본상자들을 쭉 늘어놓고 관람객이 오기를 기다립니다. 들어와서 그저 한 바퀴 둘러보고 간 사람들은 다시 오지 않아요. 설명도 함께 듣겠다고 신청하면 동아리 회원 한 명이 따라다니며 어떻게 해서 그런 이름이 붙었는지, 어느 지역에 살고 있고, 얼마나 희귀한지 등 특별한 이야기를 들려줍니다. 그 사람은 전시회가 끝나기 전에, 혹은 다음 해 전시회에 꼭 다시 찾아와요. 연인이나 자녀와 함께 말입니다.

창덕궁 후원 부용지, 정조 임금이 이곳에 배를 띄워 낚시를 즐겼고 신하가 마음에 드는 시를 지을 때까지 나무에 묶어두었다는 이야기. 후원 깊은 곳에 있는 옥류천, 문화관광해설사가 신규시절 이곳에 눈이 많이 쌓여 아무리 돌고 돌아도 찾지 못했다는 에피소드.

경복궁 경회루, 연산군이 백성들은 돌보지 않고 허구한 날 흥청이라 명한 기생들과 잔치만 벌이다 망했다는 데서 유래한 흥청망청. 궁궐에 갈 때마다 기와지붕 끝에 올려진 작은 인형들이 궁금했었는데 그 이름이 '잡상'이고 나쁜 귀신을 쫓고 나무로 만들어진 궁궐이 불에 타지 않길 바라는 의미라는 것. 문화관광해설사를 만나지 않았더라면 몰랐을 거예요.

의왕 바라산 자연휴양림, 숲 해설사님이 도토리거위벌레에 대해 알려주셨어요. 도토리거위벌레는 도토리에 구멍을 뚫어 그 안에 알을 낳고 주둥이로 가지를 잘라 땅에 떨어뜨린다고 해요. 알에서 나온 유충이 도토리를 먹고 자랄 수 있도록 하려는 겁니다. 단단한 나뭇가지를 그렇게 자르려면 얼마나 공을 들였을까요? 작은 생물의 모성이 감동을 주기도 하고 가지의 단면이 어찌나 예리한지 신기했습니다. 그 후로 저는 참나무 아래를 지날 때마다 잘려서 떨어진 가지를 찾아보곤 합니다. 아이도 그 이야기가 인상적이었나 봅니다. 친구에게도, 사촌들에게도 도토리 달린 가지를 들어 보이며 아는 척을 하더라고요.

이런 이야기를 텔레비전이나 유튜브를 통해 들었다면 이만큼 생생했을까요? 사람과 사람이 만나 눈을 맞추고 들은 이야기는 오래도록 기억에 남아요. 그 자체가 새로운 배움입니다. 아무리 노력해도 불안과 걱정은 줄지 않는데 이런 배움이 신선한 자극이 됩니다.

같은 꿈을 꾸는 사람들과 모임을 꾸리는 것도 아주 특별한 경험이었습니다. 처음 '책쓰샘(책 쓰는 선생님들의 모임)'에 참여 제안을 받았을 때 솔직히 조금 망설여졌습니다. 어딘가에 소속이 된다는 것은 그만큼의 역할을 해내야 한다는 뜻인데 지금 맡은 역할들만으로도 매우 버거웠거든요. 그런데 막상 모임에 들고 보니 그곳에는 전혀 다른 이야기가 펼쳐져 있었습니다.

같은 교사지만 평소 주변에서 볼 수 없었던 교사들이었어요. 재테크로 경제적 자유를 이루고 퇴사한 선생님, 사고전환 자존감 코치 활동을 하는 선생님, 구글 공인 트레이너가 된 선생님, 인문학 독서클럽을 운영하는 선생님 등 놀랍도록 다양한 분야에서 활동하고 있었습니다. 새로운 세상에 발을 들여놓는 것은 어마어마한 용기가 필요하지만, 각자가 쌓아온 이야기를 듣는 것은 흥미로워요. 시간적, 지역적 한계로 온라인 만남을 이어갔지만, 그중에 가까이 사는 선생님과는 직접 만나기도 했습니다.

만나기 전의 설렘과 긴장이 참 좋았어요. 나를 모르는 사람에게 나를 어떻게 소개할까를 두고 며칠을 고민합니다. 이 과정은 진정 나를 찾은 과정이었어요. 엄마로서의 내가 아니라 교사로서, 작가로서의 내

기록을 더듬어 보았습니다. 일상이 워낙 바쁘고 고단하니 내가 어떻게 살아왔는가를 잘 돌아보지 않아요. 그런데 누군가에게 나를 알리려면 찬찬히 자신을 살펴야 합니다. 그 사람에게 어떤 걸 물어볼까 생각하는 것도 재미있었어요. 기자가 되어 전문가를 인터뷰하듯 서너 가지 질문을 미리 준비했습니다. 물론 그 질문은 내 삶에 바로 적용할 수 있는 유용한 것들이었어요.

엄마의 화를
다스리는 방법

아이를 키우면서 가장 미안하고 후회되는 순간은 아마 아이에게 화를 냈을 때일 겁니다. 사랑하지 않아서 화내는 부모가 어디 있겠어요. 그 누구보다 소중한 내 아이 앞에서 소리치고 날카로운 말로 아이에게 상처를 냅니다. 잠든 아이의 작은 얼굴을 보면서 어쩌자고 그렇게 화를 냈을까 스스로가 원망스러워요. 세상에서 나만 나쁜 엄마인 것 같고 내가 부족해서 아이를 망쳐놓는 건 아닐까 불안합니다.

언제 그토록 화가 나는지 저 자신을 들여다봤어요. 저는 타인의 시선과 평가에 민감하더라고요. 아이 친구 엄마가 "애가 좀 예민한 편이죠?" 하면 그날은 온종일 아이의 예민한 행동이 눈에 거슬렸어요. 예민함은 아이의 기질일 뿐 단점이 아닌데 말입니다. 자극에 대한 반응이 빠르고 섬세하다는 것은 아이의 문제점이 아닌데도 그런 말을 들으면 고쳐줘야 할 것 같았어요. 당연히 하루아침에 바뀌지 않습니다. 바뀌지 않는 아이를 보며 또 그런 평가를 받을까 봐 불안하고 화가 나요.

같은 말을 반복하게 될 때도 화가 납니다. 안경을 벗으면 안경알이 바닥에 닿지 않도록 두라는 말, 입에 뭐가 묻었을 때 옷소매로 닦지 말라는 말, 머리 묶는 고무줄을 아무 데나 올려놓지 말라는 말, 저도 매번 하기 싫어요. 잔소리하는 엄마도 고단하고 듣는 아이도 짜증을 냅니다. 안 듣고 싶으면 고치면 될 텐데 아이는 쉽게 고치지 못해요. 엄마 말을 무시하나 싶어 화가 나요. 나이 마흔에도 친정엄마는 전화할 때마다 밥 잘 챙겨 먹으라는 말씀을 귀에 못이 박이도록 하십니다. 매번 들으면서도 실천하는 것은 어려워요.

아이의 부정적 감정과 마주할 때도 화가 납니다. 친구와 티격태격하고 돌아온 날 그 친구가 밉다고 말해요. 하던 일을 멈추고 아이의 얘기를 들어주려고 아이 앞에 앉습니다. 전후 사정을 파악하고 아이가 한 말과 행동, 친구가 한 말과 행동을 물어봐요. 아이의 감정은 받아주되 아이 행동에서 잘못된 것은 단호하게 알려줍니다. 앞으로 어떻게 행동해야 하는지 제안하는 것도 잊지 않아요. 육아서에서 배운 대로 했는데 아이는 계속 부정적 감정을 쏟아냅니다. 억울하고 속상하고 짜증 난대요. 엄마가 이렇게까지 열심히 들어주고 가르쳐줬는데 엄마의 노력을 알아주지 않는 것 같아 허무합니다.

욱해서 소리 지르고 싶을 때 저는 두 가지를 떠올립니다. 하나는 오은영 박사님 말씀입니다. "평소 서로 기분이 좋을 때는 말이 많아도 좋다. 그런데 서로 감정이 안 좋을 때 말이 많으면 손톱으로 칠판을 긁는 소리처럼 들린다." 이걸 떠올리며 최대한 말을 아껴요. 말을 많이 할수록 엄마는 자꾸 아이를 설득하려고 하고 아이는 끊임없이 핑계를 대서 자신의 잘못을 인정하지 않으려고 합니다. 기르치고 배우는 게 아니라 싸움이 되더라고요.

또 하나는 ≪엄마의 화코칭≫(김지혜, 카시오페아, 2018)이라는 책에서 본 구절입니다.

"우리는 누구한테 화를 내는 것일까요? … 내가 화를 내도 그 사람이 나를 내치지 않을 거라는 믿음이 있는 사람에게 우리는 적극적으로 표현합니다."

정말 그래요. 내가 어려워하는 상대에게는 아무리 화가 나도 화를 표현하지 않습니다. 회사 부장님으로부터 부당한 대우를 받아도, 시어머니가 나의 결점을 나무라셔도 그 앞에서 절대 화를 내거나 소리를 지르지 않아요. 화라는 감정이 올라올 때마다 속으로 주문을 걸어요. '화가 나는 건 괜찮아. 아이에게 화를 쏟아내는 건 안 돼.' 하고 말입니다.

이런 주문이 통하지 않을 때를 대비해서 저는 몇 가지 돌파구를 미리 준비해놓습니다. 화난다고 당장 집을 뛰쳐나갈 수도 없고 산 위로 올라가 소리를 지를 수도 없으니 집 안에서 도망갈 수 있는 곳이 있어야 해요. 저는 어린이책이 저만의 동굴이고 대나무 숲입니다. 화날 때 자기계발서나 육아서 읽어보셨어요? 더 화가 납니다. 나는 왜 이 사람처럼 부지런하지 못할까, 나는 왜 이 엄마처럼 현명하지 못할까 자책이 들어요. 심리학책은 또 어떻고. 전문가가 책을 통해 알려주는 인간의 심리는 참 쉽고 별거 없는 것 같은데 내 속으로 낳아 8년을 키운 딸아이 마음은 모르겠어요. 제 마음은 더 모르겠고요. 어린이책을 읽으면서 화를 가라앉힙니다. 부모와 갈등하는 어린이, 인생에 대해 고민하는 어린이를 만나면서 어린이의 마음에 조금씩 다가가요. 이 행위는 독서가 아니라 치유입니다.

생각지도 못한 순간에 그림책이 건넨 위로에 눈물을 왈칵 쏟기도 해요. 《삶의 모든 색》(리사 아이사토(김지은 옮김), 길벗어린이, 2021)에 보면 부모의 삶에 대한 부분이 나옵니다.

"누가 좀 가르쳐 주면 좋겠어요. 이 힘든 아침을 어떻게 하면 좋을지. 낮에도. 밤에도. 하지만 자초한 일인걸요."

나만 이렇게 막막한 게 아니에요. 내 아이만 별나서, 내가 부모 자격이 없어서 힘든 게 아닙니다. 부모의 삶은 누구도 쉽지 않아요. 하지만 정말 간절히 기다린 아이였어요. 아이를 처음 품에 안았을 때 그 떨림과 기쁨은 지금도 생생합니다. 이렇게 부모로서의 나를 돌아보는 그림책이 있고요.

나 자신을 다정하게 안아주고 싶은 그림책도 있습니다. 《나는 너무 평범해》(김영진, 길벗어린이, 2021)는 자신이 평범하다고 생각하는 어린이의 고민을 담은 그림책입니다. 자신을 뺀 모두가 다 특별하게만 보이는데 자신은 잘하는 게 하나도 없어서 걱정이라고 말해요. 아빠는 평범한 게 나쁜 게 아니라고 따뜻한 위로를 건넵니다. 저도 아이에게 이렇게 말해줘야 하는데요. 엉뚱한 장면에서 마음이 와르르 무너지고 말았습니다. 바로 아빠가 동네 친구인 화방 아저씨와 커피를 마시며 대화하는 장면인데요.

"나도 어렸을 때 그런이 같은 생각 많이 한 것 같아."

"우린 지금 특별하게 사는 건가?"

내 인생에 대한 기대로 가득 찼던 시간이 떠올랐습니다. 특별한 사람을 만나고 특별한 기회를 얻어 삶의 모든 순간이 아름다울 줄 알았어요. 능력을 인정받고 엄청난 경력을 쌓으며 완벽한 가정을 이룬 드라마 속 주인공처럼 살 줄 알았습니다.

이렇게 책에 코를 박고 있으면 아이가 쭈뼛쭈뼛 다가와 묻습니다. "엄마, 아직도 화났어?" 아이들은 엄마의 말과 행동에만 영향을 받는 게 아니에요. 엄마의 표정과 분위기만으로 눈치를 볼 때가 있어요. 아이를 키울 때 '눈치 보다'는 표현은 부정적으로 쓰일 때가 많습니다. 그래서 많은 부모가 내 아이를 눈치 보지 않는 아이로 키우려 하고 그게 당당하고 멋진 모습이라고 생각해요. 하지만 제 생각은 다릅니다. 상대의 마음을 살피는 것은 굉장히 중요해요. 보통은 이렇게 먼저 다가오는 아이의 마음에 화가 물러나요. "이리와. 우리 한 번 안아보자." 하면 끝납니다. 가끔 화가 덜 풀렸을 때는 이렇게 말해줍니다. "엄마 지금 새빨간 털복숭이 화랑 만나는 중이야. 화가 천천히 작아지고 있으니까 조금만 더 기다려줘." 이 말도 《화가 났어요》(게일 실버(문태준 옮김), 불광출판사, 2010)라는 그림책에서 배운 겁니다.

돌파구는 사람마다 다릅니다. 저는 집 안에서도 쉽게 도망갈 수 있는 어린이책에서 찾았지만 어떤 사람은 운동하고 땀을 흘릴 수도 있고 또 다른 사람은 마음이 통하는 친구를 만나 걱정을 나눌 수도 있어요.

중요한 건 이 나만의 돌파구를 꼭 마련해두어야 한다는 겁니다. 아이 키우는 일, 어려워요. 계획대로 되지도 않고 진심이 통하지 않는 순간도 수두룩합니다. 무조건 참는다고 해결되지도 않고 매 순간 지혜로운 선택을 할 만큼 우리가 완벽한 존재도 아니에요.

Part 3 매일 성장하는 엄마가 아이도 잘 키운다

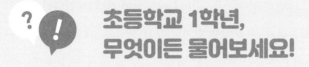

Q7. 아이들을 학교에 보내고 가끔 엄마들이 커피 마시러 가자고 할 때, 실은 적당히 둘러대고 가고 싶지 않은데, 어떤 말이 좋을까요?

엄마들 모임의 피로감, 우린 이미 다 경험해보았습니다. 어린이집, 유치원에 아이를 들여보내고 커피를 마시는 경우도 종종 있으니까요. 모임에서 두 시간을 얘기하다가 왔는데 집에 와서 친구나 언니에게 또 전화하기도 합니다. 어쩐지 마음이 힘들어서요. 하는 얘기가 항상 비슷합니다. 시댁 얘기, 남편 얘기, 아이 선생님 얘기. 겉으로는 남편 흉을 보는 것 같지만 속으로는 자연스럽게 비교가 됩니다. 경제력도 다르고, 육아 참여율도 천차만별이니까요.

물론 모든 모임을 일반화시키려는 것은 아닙니다. 그 안에서 마음이 맞는 사람을 만나 오랜 친구가 되기도 하고 육아 철학이 비슷한 사람과 함께 성장하기도 하니까요. 그런데 분명한 것은 비교는 항상 사람을 불행하게 한다는 것입니다. 내 아이는 아직 한글에 관심도 없는데 옆집 아이는 한글을 떼고 책을 척척 읽고, 내 아이는 킥보드에 이제 막 입문했는데 앞집 아이는 내리막길을 쾌속 질주합니다. 나는 낡은 티셔츠에 운동화를 신고 갔는데 옆집 엄마는 명품으로 치장하고 왔어요. 눈에 빤히 보이기 때문에 비교를 안 할 수 없습니다.

초등학교에 가면 본격적으로 학습력을 비교하기 시작해요. 옆집 아이의 토플 점수와 사고력 수학 레벨을 들으면 내 아이만 뒤처지는 것 같습니다. 게다가 숲체험, 역사체험, 천체관측, 뮤지컬 레슨 등 각종 학원정보는 얼마나 많은지 우리 애만 아무것도 안 시키는 것 같아요. 그러다가 모임에 안 나가니까 제 마음이 편하더라고요. 처음에는 '정수기 코디네이터가 온다고 할까?', '미용실 예약했다고 할까?' 적당히 둘러댈 말을 고민했는데요. 그냥 담백하게 '저는 다른 일이 있어요.' 하고 한두 번 거절하면 더는 제안하지 않더라고요.

Q8. 아이는 학교에 가면서 쑥쑥 크는 게 보이는데, 아이 엄마인 저는 자꾸만 작아지는 듯한 느낌이 들어요.

저도 그래요. 제게도 분명 삶에 대한 기대로 가득했던 순간, 노력하면 뭐든 할 수 있다는 자신감 넘치던 순간이 있었는데 말입니다. 잠 좀 푹 자는 게 소원이었던 영아기, 일하랴 아이 돌보랴 어느 것 하나 제대로 해내지 못하고 발만 동동거리던 유아기를 지나니 거울 속에 마흔 살의 내가 있어요. 눈 밑은 움푹 꺼지고 흰머리가 나기 시작하면서 정수리는 자꾸 가렵고 무엇보다 표정이 없습니다. 입꼬리를 올려 봐도 결혼사진

속 생기 가득한 미소와는 완전히 다른 모습이에요.

피부 노화와 체력 저하는 저를 거울과 멀어지게 하고 자꾸 새로운 것을 배우고 도전하라고 했습니다. 배움에 대한 욕구는 날이 갈수록 더 커지는 것 같아요. 이삼십 대의 배움이 필요에 의한 것이었다면 이제는 순수한 욕구에 의한 것입니다. 겉모습에서 잃어버린 생기를 속으로 채우고 싶은 걸까요. 도전은 항상 작은 것부터 시작합니다. 성공해야 또 다음으로 나아갈 힘이 생기니까요. 혼자 하기 힘들다면 SNS에 올라온 각종 챌린지에 참여해보세요. 다이어트 챌린지, 독서 챌린지, 환경보호 챌린지 등 관심 분야와 취향에 따라 다양하게 도전할 수 있습니다.

그리고 잊지 마세요. 아이를 이만큼 키워낸 건 모두 엄마인 당신 덕분입니다. 마음이 작아지지 마세요. 이미 충분히 위대한 사람입니다. 혼자서는 먹지도, 자지도, 걷지도 못하던 아이를 혼자 가방 메고 뚜벅뚜벅 학교로 걸어가게 만든 사람, 바로 엄마입니다. 아이들이 표현을 안 해서 그렇지 다 알아요. 학교에서 부모님 얘기가 나오면 그 눈빛이 얼마나 절절한지 저도 매번 놀라는걸요.

Q9. 아이를 키우면서 '불안감이 아이를 망친다.'라는 이야기를 자주 들었어요. 이런 불안감을 느끼지 않으려면 어떻게 해야 할까요?

불안하지 않은 부모가 있을까요? 부모의 불안은 어찌 보면 당연합니다. 귀한 내 아이를 누구보다 잘 키우고 싶으니까요. 빠르게 변화하는 사회에서 대체 어떤 능력을 키워줘야 아이가 잘 살아낼지 알 수 없어 불안합니다. 어떻게 하면 불안이 사라질까요? 눈길에서 주머니에 손을 넣고 뒤뚱뒤뚱 걸어가는 아이의 뒷모습을 보고 있으면 넘어질까 봐 조마조마해요. 넘어지지 않고 끝내는 학교에 잘 들어가는 모습을 봐야 안심됩니다. 끝내는 대학에 들어가면, 취업에 성공하면, 좋은 배우자를 만나면 안심될까요? '끝'이 없습니다. 미래에 대한 불안은 없앨 수 없다는 말입니다.

비교도 엄마를 불안하게 해요. 아이가 학교에 가면 공부 잘하는 아이와 비교되고, 아이가 피아노학원에 가면 피아노 잘 치는 아이와 비교되고, 아이가 영어학원에 가면 영어 잘하는 아이와 비교됩니다. 아이가 공부도 1등, 피아노도 1등, 영어도 1등이면 엄마 마음에서 불안이 사라지겠지요. 그런데 그런 아이는 없습니다. 아이마다 잘하는 게 다 달라요.

미래에 대한 불안, 비교로 인한 불안이 문제라면 해결책은 간단합니다. 아이의 현재를 보고, 내 아이만 보면 돼요. 물론 어렵습니다. 엄마가 불안하면 아이를 믿고 기다려주기 힘들어요. 아이 대신 엄마가 아이의 일을 선택하고 계획합니다. 엄마의 불안은 아이에게 고스란히 옮겨가요. 엄마가 시키는 대로 하는 아이, 실수가 두려워 아무것도 시도하지 못하는 아이로 만듭니다. 불안을 없애라는 말씀은 드리고 싶지 않아요. 불안을 인정하되 너무 아이에게 드러내지는 말자는 겁니다. 의식적으로라도 "괜찮아. 다음에는 더 잘할 수 있을 거야. 엄마는 너를 믿어." 하는 메시지를 주세요.

Part 4

가정이 행복해야
아이가 행복하다

엄마의 휴직이
가정에 미치는 영향

아이가 초등학교에 입학하면서 휴직을 '할까? 말까?' 고민하지는 않았습니다. 저 자신도 가족들도 으레 제가 휴직을 하리라 생각했어요. 남편은 오전 6시, 저는 7시 반에 출근해야 하니 여덟 살 아이를 한 시간 동안 혼자 집에 둘 수는 없었습니다. 유치원 때는 선생님께서 배려해주셔서 아침 일찍 등원했어요. 선생님보다 먼저 유치원에 도착해서 복도 전등을 우리가 켜는 날이 많았습니다. 학교는 불가능했지요. 양가 어른들께 부탁드릴 형편도 못 되었고 믿고 맡길 도우미이모님을 찾는 건 하늘의 별 따기였습니다.

그런데 막상 휴직을 하고 보니 이상했어요. 주변에 알고 지내는 초등교사 엄마 중에 아이가 1학년이라고 휴직한 사람이 없는 겁니다. 부모님의 도움을 받거나 자신이 근무하는 학교로 아이를 데리고 다녔어요. '어? 나만 너무 안일하게 생각한 걸까? 다들 자신의 자리에서 입지를 굳혀 가는데 나 혼자 도태되는 건 아닌가? 이러다 나중에 후회하게되면 어쩌지?' 그렇게 세 선택에 대한 확신이 없는 채로 3월은 빠르게 흘러갔습니다.

처음에는 좋았어요. "빨리 먹어. 엄마 늦었어." "빨리 입어. 엄마 지각하겠어." "빨리 와. 언니·오빠들 교실 못 들어가고 밖에서 기다리겠어." 아침마다 '빨리빨리'를 외치며 전쟁을 치러야 했는데 그 전쟁이 사라지니 정말 좋았습니다. 출근할 때는 유치원 선생님을 보자마자 아이 손을 넘겨주고 부랴부랴 돌아서기 바빴는데, 휴직하니 교문 앞에서 포옹도 하고 손도 한참 흔들고 아이 모습이 사라질 때까지 지켜봐 줄 수 있어서 기뻤어요. 무엇보다 아이가 좋아하니 저도 행복했습니다. 엄마가 학교 안 가니까 좋다는 말을 수시로 했어요. 남편도 제 휴직을 반겼어요. 알뜰살뜰 아이를 잘 보살펴서가 아니라 제가 짜증을 덜 냈거든요.

그런데 시간이 지날수록 아이와 갈등하고 서로 언성이 높아지는 경우가 많이 생겼어요. 어찌 보면 당연해요. 붙어있는 시간이 늘어났으니까요. 그전에는 몰랐던, 어쩌면 알면서도 외면했던 아이의 문제행동들이 보이기 시작했습니다.

"엄마, 옷 입을 거 골라줘."

"어젯밤에 미리 골라놓은 거 입어."

"지금 보니까 마음에 안 들어."

"그럼 이거 입을래?"

"싫어. 그것도 마음에 안 들어."

"그럴 거면 왜 골라 달라고 해? 그냥 네가 입고 싶은 거 입으면 되지!"

생각해보면 정말 별것도 아니었어요. 아주 작은 일에도 쉽게 화를 냈습니다. 그동안 잘해주지 못했던 죄책감을 덜어내려 최선을 다했지만 뭔가 자꾸 어긋나는 느낌이 들었습니다. 아이는 일곱 살 때는 혼자 잘만했던 옷 고르기, 손 씻기, 심지어 밥 먹기까지 엄마가 대신해주길 바랐어요. 아이는 그저 엄마가 집에 있다는 사실이 좋아 엄마와 더 많은 걸 함께하고 싶었는데 저는 그걸 퇴행, 주도성 상실, 게으름이라고 판단해버린 겁니다.

아이의 이런 행동들은 제 부정적인 감정들을 만나 화를 폭발시켰어요. '내가 없으면 어쩌려고 저러지?' 하는 불안감. 퇴직이 아닌 휴직이었기에 늘 돌아갈 시간을 염두에 둘 수밖에 없었습니다. 혼자서도 잘할 수 있는 실천력과 의지를 길러줘야 하는데 오히려 아기가 되어가는 듯한 모습에 제 양육방법이 틀렸다고 자책했어요. '너를 돌보려고 일을 쉬는 거니까 너를 정말 잘 키워야지.' 하는 부담감. 휴직하기 전과 후가 반드시 달라야 한다고 생각했어요. 바쁘다는 핑계로 나 몰라라 했던 아이의 생활습관을 바로잡아주어야겠다고 다짐했어요. 제 감정을 잘 다스려야 하는데 애꿎은 아이만 제 화의 희생양이 된 겁니다.

그러다 아이를 학교, 학원에 보내고 나면 감정적으로 많이 지쳤어요. 아이가 문제인지, 내가 문제인지 혼란스러웠습니다. '그래도 소리는 지르지 말걸. 마지막엔 웃으면서 인사할걸. 나는 엄마고, 어른인데 왜 이것밖에 안 되는 걸까?' 후회와 미안함이 온몸을 휘감았습니다. 뭘 해야겠다는 생각보다 그저 늘어져서 아무것도 안 하고 싶었어요. 늘어져야 할 것 같았어요. 그래야 후반전도 치르니까요. 아무것도 안 해도 시간은 잘만 흘러갔습니다. 아이는 금방 다시 돌아왔어요.

그러던 어느 날, 가방 메고 교문을 들어서는 아이의 뒷모습을 보다 불현듯 그런 생각이 들었어요. 그날도 아이의 짜증과 억지를 받아주고 받아주다 결국 못 참고 버럭 소리치고 헤어진 날이었습니다. '아, 나는 이대로 돌아가 내 감정을 들여다보고 달래고 쉬는데 아이는 그것조차 못하는구나. 의자에 앉아 공부해야 하고 친구들과 놀면서도 친구의 감정을 살펴야 하고 피아노를 치고 발레를 해야 하는구나. 아무 일도 없었던 것처럼.' 여덟 살 아이도 자신의 역할을 알고 제 몫을 해내는데 마흔 살 어미는 자신의 감정에 매몰되어 시간을 흘려보내고 있었습니다.

루틴을 만들었어요. 그전에는 읽고 싶으면 읽고 쓰고 싶으면 쓰고 쉬고 싶으면 쉬었는데 항상 쉬는 시간이 제일 많았습니다. '감정 치유, 에너지 비축'이라는 명목으로요. 감정은 늘 널뛰었고 에너지는 늘 부족했으므로 쉬려고 치면 끝이 없었어요. 저 자신을 조금 다그칠 수 있는 루틴이 필요했습니다. 오전에 아이를 학교에 보내고 나면 운동을 하고, 책을 읽었어요. 저녁에 아이를 재우고 나면 글을 썼습니다. 루틴에 기대어 잃어버렸던 활력을 되찾았어요. 해야 할 일과 하지 말아야 할 일들이 분명해졌습니다. 일은 쉬었지만, 생각은 쉬지 않았어요.

일터로 돌아가면 마흔한 살, 앞자리가 바뀌어 돌아가야 했습니다. 선배보다 후배가 많은 나이였어요. 20대 후반, 욕심 많고 열정 넘치던 시절 옆 반에 육아휴직을 끝내고 돌아온 선배교사가 있었습니다. 무슨 일만 하면 "내가 육아휴직을 오래 해서……"라는 말로 시작했어요. 처음에는 아무 생각이 없었는데 계속 듣다 보니 불편했습니다. 육아휴직을 한 것과 공개수업을 하는 것, 친목회 총무를 맡는 것은 아무 관련이 없어 보였거든요. 그때 다짐했습니다. 육아휴직을 입버릇처럼 말하지 말아야겠다고요. 육아휴직을 한 것 자체는 부끄러운 일이 아니지만, 육아휴직을 핑계로 일을 남에게 미루는 것은 부끄러운 일이니까요.

업무 면에서 모르는 게 있으면 후배들의 도움도 기꺼이 받겠지만 삶의 지혜나 경험 면으로는 당당하고 싶었습니다. 그러려면 몸과 마음을 바삐 움직여야 했어요. 그러니까 제게 휴직은 아이를 키우는 시간이기도 했지만 저 자신을 키우는 시간이기도 했습니다. 누군가 제게 "휴직해서 좋았지? 많이 쉬었어?" 하고 묻는다면 전 이렇게 대답할 겁니다.

"좋았지. 근데 아주 바빴어. 독하게 다이어트도 해봤고 한 달 동안 아이랑 제주도도 다녀오고 두 번째 책도 썼거든."

아침마다 치러야 할 출근 전쟁은 두렵지만, 학교에는 빨리 돌아가고 싶어요. 나를 키우는 동안 쌓아온 많은 이야기를 아이들에게 들려주고 싶거든요. 교사는 아이들에게 공부도 가르치고 생활습관도 가르치지만 동기 부여도 하는 사람입니다. 동기 부여를 할 때는 유명인, 역사속 위인, 이야기책의 등장인물 등 많은 사람의 이야기를 활용하지만, 경험에 비추어보았을 때 아이들은 교사 개인의 이야기를 들을 때 가장 눈을 반짝입니다. 어쩐지 현실성 있기 때문이에요. 아이들이 따라 하고 싶은 경험을 많이 쟁이겠습니다.

휴직이라는 선택을 더는 후회하지 않습니다. 교직경력에는 분명한 마이너스였으나 저와 아이의 인생에는 플러스였으니까요. 보란 듯이 잘 키워서가 아니라 함께 지지고 볶으며 서로를 더 알게 됐고, 아이만의 성장이 아닌 엄마의 성장도 함께 일궈냈으니까요.

다정하고
따뜻한 말들

제 마음에는 보석상자가 하나 있습니다. 마음이 작아질 때마다 꺼내 봅니다. 나를 살리는 말들이 들어있어요. 유명인의 말이나 책 속의 말이 아닙니다. 누군가 제게 건넨 다정한 말들이에요. 사실, 마음에만 담아 두는 게 아닙니다. 누가, 언제, 어디서 해준 말인지 적어서 평소 사용하는 다이어리 앞에 붙이고 다녀요. 그 말들에 기대어 삽니다.

때때로 한없이 움츠러듭니다. 왜 그렇게 마음이 작아지는지 모르겠어요. 생각해보면 모두 아이와 관련된 일에 그렇게 됩니다. 직장동료나 남편과 갈등이 생기면 그냥 미워하면 됩니다. 아이는 아무리 나를 힘들게 해도 미워할 수 없어요. 밉지 않아서가 아닙니다. 미워하는 마음을 품는 순간 니무 괴로워서 그래요. '어떻게 엄마가 돼서 자식을 미위할 수 있지? 나는 엄마 자격도 없어.' 이렇게 자꾸 자신을 탓하게 됩니다. 아이에게 버럭 화를 내고 속이 후련했던 적은 한 번도 없어요. 늘 죄책감에 시달렸고 아무도 나를 찾지 않는 어두운 동굴로 들어가고 싶었습니다. 아이를 사랑하지만, 육아는 매일 힘들어요. 나태한 적이 없으나 종종 우울감이 찾아옵니다.

엄마가 동굴에 들어가면 아이가 불안해요. 아닌척하지만 표정에 다 드러나니까요. 아이의 신호에 민감하게 반응하지 못하면 아이는 무기력해져요. 엄마의 우울감이 아이에게로 전염됩니다. 밖으로 나와야 해요. 아무도 나를 이끌어주지 않습니다.

제가 한창 식단 조절과 운동을 병행할 때 같은 센터에서 운동하는 분이 제게 해준 말입니다.

"영신 씨는 한다면 하는구나. 필라테스 강사처럼 사진도 찍고 책도 쓰고."

아이 친구 엄마가 제 인스타그램을 보고 메시지를 보내왔어요.

"지안맘은 하고 싶은 게 많아서 하루의 시간을 계속 뭔가를 하면서 보내는 것 같아요. 계속 책을 읽고 글을 쓰는 그 루틴이 참 신기해요."

3년간 같은 학교, 같은 학년에서 근무한 부장님이 제게 전해준 쪽지입니다.

"바쁘고 힘든데 목표를 세우고 꿈을 이루는 영신샘 보면서 나를 되돌아보게 되었어요."

생각해보면 나의 애씀을 인정해주는 말들이었어요. '멋지다. 대단하다.' 같은 띄워주는 말이었으면 괜히 민망하고 공허했을 것 같아요.

'괜찮다. 너 충분히 잘하고 있다.'라는 인정의 말은 제 존재 이유를 찾게 했습니다. 작아진 마음을 다시 부풀려놓았어요.

가족이 선물한 보석 같은 말은 더 오래 남습니다. 아이와 북스테이에 갔을 때 일입니다. 객실 벽에 "책방지기와 대화하고 싶다면 편하게 말씀해주세요."라는 메시지를 보고 딸아이가 먼저 대화를 신청했습니다. 어른 둘과 아이 하나가 어색하게 마주 앉았어요. 책방지기가 아이에게 물었습니다.

"지안이는 어떤 책을 좋아해? 방에 있는 책들은 유명해서 이미 다 읽은 것들이지?"

"저는요. 우리 엄마가 쓴 책이 제일 좋아요. 우리 엄마가 작가거든요."

그 자리에선 바보처럼 웃었지만, 속으로는 울고 있었어요. 자꾸만 바닥을 드러내는 제 능력에 글 쓰는 일을 포기할까 생각하던 참이었거든요. 아이 덕분에 다시 쓸 이유를 찾았습니다.

깊은 밤, 아이를 재우고 혼자 식탁에 앉아 책을 읽고 있을 때였어요. 잠에서 깨어 화장실에 다녀온 아이가 저를 보더니 말했습니다.

"엄마 왜 안 자? 얼른 자야 내일 아침에 나 따뜻한 밥, 든든한 밥 만들어주지."

다른 건 몰라도 아침밥만큼은 정성껏 차려주자 했던 제 다짐이 빛을 발하는 순간이었어요. 아이는 알고 있었던 겁니다. 이른 아침, 엄마의 수고를. 자주는 아니지만, 가끔 남편도 보석 상자에 넣어둘 말을 던져줍니다. 볶음밥을 만드는데 팔이 너무 아픈 겁니다.

"여보, 나 팔이 너무 아파. 이제 당신이 마무리해줘."

"아니, 처음부터 나를 시키지. 넌 일을 하는 팔이 아니라 작품 활동을 하는 팔인데."

말한 사람이나 듣는 사람이나 얼마나 웃었는지 몰라요.

사랑만으로는 마음이 채워지지 않을 때가 있어요. 아이를 사랑하지 않아서 소리치고 화내는 게 아니니까요. 의지만으로 부족할 때가 있습니다. 잘난 사람들을 보면 저절로 무릎이 꺾이고 내가 노력해봤자 비교조차 불가능하겠다는 생각이 드니까요. 누구의 말이라도 괜찮았습니다. 나를 인정해주는 그 한 마디를 붙들고 다시 일어날 수 있었어요.

어른도 이런데 아이는 오죽할까 싶었어요. 나를 살린 다정한 말들을 아이에게도 돌려주었습니다. 딸아이는 받아쓰기 시험만 보면 꼭 문장부호 때문에 한두 개씩 틀렸어요. 느낌표를 써야 하는데 마침표를 쓰고, 마침표가 없는데 마침표를 써서 틀렸습니다. "그러길래 엄마가 문장부호 조심하라고 했지? 시험 보기 전에 문장부호만 한 번 더 점검하라고 했잖아!"라는 말이 튀어나오려고 했어요. 틀린 말은 아닙니다. 받아쓰기 백점을 맞을 수 있는 특급비법이지요. 하지만 저는 이렇게 말해주었어요. "리을 비읍 겹받침 이거 어려운 건데 잘 썼다. 띄어쓰기는 6학년 언니·오빠들도 어려워하는 건데 다 맞았네. 우리 딸 진짜 애썼다." 아이가 잘한 부분을 인정하고 칭찬해주었습니다. 받아쓰기 백점 못 맞는다고 아이의 공부자존감이 대단히 떨어지지 않아요.

어릴 때부터 손에서 색연필을 놓지 않던 아이가 어느 순간 그림을 그리지 않았습니다. 유치원에서 그림을 잘 그리는 친구들과 자신의 그림을 비교하고는 주눅이 든 거예요. 유치원 그림일기 숙제가 있을 때마다 글은 자기가 쓸 테니까 그림은 자꾸 저보고 그려달라고 했어요. 저역시 미술에 자신감이 없었기 때문에 그런 아이가 안타까웠습니다. 색깔이 더 다양한 색연필 세트를 주문하고 색연필 일러스트책을 사서 옆에서 따라 그려줬어요. 제가 그린 그림을 좋아하긴 했지만, 자신이 선뜻 그리지는 않더라고요.

초등학교에 입학하면 그림 그리기 활동이 정말 많아요. 한글에 아직 익숙하지 않은 아이들의 상황을 고려하기 때문입니다. 아이가 학교에서 그려온 그림들을 보면 크게 칭찬해주었어요. "이거 이렇게 꼼꼼히 색칠하느라 땀 뻘뻘 흘렸겠다. 너무 멋진걸! 이거 엄마방에 걸어놔도 돼? 매일 밤 자기 전에 한 번씩 더 보고 싶어." 아이 얼굴이 햇살처럼 환해졌어요.

아이와 함께 유화물감으로 그림을 그리는 드로잉카페에 갔습니다. 곰 도안을 골라 따라 그렸는데 저는 언뜻 보고 하늘색인 줄 알고 파란색과 흰색을 섞어 쓰라며 준비해주었습니다. 그런데 한참을 고민하던 아이가 여러 가지 색을 섞어보더니 연한 회색을 만들었어요. 도안의 색깔과 정말 똑같았습니다. "세상에, 자세히 보니 연한 회색이었구나. 회색빛이면서 초록빛도 섞여 있고. 엄마는 정말 몰랐어. 섞고 또 섞어보더니 결국 똑같은 색을 찾아냈네. 정말 놀랍다!" 그날부터 아이의 꿈은 화가가 되었습니다. 미술에는 그림 그리기만 있는 게 아니에요. 색칠하기도 있고 색깔 만들기도 있습니다. 아이의 노력과 진심을 인정해주는 말을 전하니 아이가 다시 미술과 가까워졌어요.

단단한 아이로 자라면 좋겠어요. 기를 쓰고 도전했던 일에 실패해도 낙담하지 않고, 믿었던 사람에게 배신당해도 상처받지 않고, 남들 목소리에 휘둘리지 않으며 자신을 지킬 줄 아는 어른이 되길 바랍니다. 그러려면 먼저 엄마 마음부터 야무지고 튼튼해야 해요. 마음이 다칠 때마다, 흔들릴 때마다 보석 상자에 있는 다정한 말들을 꺼내어 저 자신을 치료합니다. 꽤 약효가 좋아요.

조금씩 서로에게
좋은 배우자가 되어갑니다

결혼 전에는 '이 사람보다 나한테 더 잘해주는 사람은 못 만나겠다.' 생각했어요. 제가 뭘 원하는지 말하기도 전에 알아서 재미있는 것도 보여주고, 맛있는 것도 사주고, 새로운 것도 가르쳐주었습니다. 함께하는 시간 자체가 선물 같았고, 실제로 반짝이는 선물도 많이 받았어요. 결혼하고 나니 "잡은 물고기에는 더는 미끼를 주지 않는다."가 무슨 말인지 실감 났어요. 어쩌면 그게 자연스러운 건데도 뭔가 속은 기분이 들었습니다. 그러나 어쩌겠어요. 무를 수도 없고요. 실망스러웠지만 크게 싸울 일은 없었습니다.

그런데 육아가 시작되고 부부관계의 판도가 뒤바뀌었습니다. 아이를 가운데 두지 않으면 웃을 일이 없었어요. 서로의 안녕을 궁금해하지 않았습니다. 아무리 가까운 부부라고 할지라도 다정한 안부를 건네야 해요. "오늘 아이가 많이 보채진 않았는지", "오늘 회사에는 별일 없었는지" 말입니다. 불만이 쌓였지만 저는 삭히고 또 삭혔어요. 아이 앞에서 싸우면 안 된다면서요? 그래서 화나도 화내지 않고, 힘들어도 괜찮은 척 연기를 했습니다. 무엇보다 낮 동안 육아로 모든 에너지가 소진되어 저녁에 남편과 마주 앉아 싸울 힘이 없었어요. 그저 아이를 빨리 재우고 나도 좀 쉬고 싶다 그 생각뿐이었습니다.

제 생각이 틀렸어요. 우리는 싸워야 했습니다. 서로가 뭘 싫어하는지, 어떤 도움이 필요한지 구체적으로 표현해야 했어요. 남편의 제안에 제가 가타부타 말이 없으면 남편은 그걸 동의의 뜻으로 받아들였어요. 사실은 논쟁을 피하고 싶었던 것뿐인데 말입니다. 육아로 지친 엄마는 일단 마음부터 읽어줄 사람이 필요했습니다. 아이가 온갖 예쁜 짓을 하며 저를 웃게 만들어도, 퇴근한 남편이 고무장갑을 끼고 설거지부터 달려들어도 저는 외로웠어요. 사무치게 외로웠습니다. 가족이 곁에 있는데도 외롭다는 사실이 못 견디게 힘들었어요.

조용한 갈등이 더 무서워요. 차라리 소리를 지르며 싸우면 그 순간에는 괴롭겠지만 상대방의 요구를 파악할 수 있거든요. 그런데 조용한 갈등은 혼자 마음속에서 일을 키웁니다. 이 갈등이 싫어서 헤어지고 혼자 아이를 키워야겠다는 생각도 했어요(이혼을 쉽게 생각한 것은 아닙니다. 그만큼 어린아이를 돌보는 시간이 힘들었어요). 아이는 너무 예쁜데 도망치고 싶은 날들이 많았습니다. 그런 생각을 하는 스스로가 괴로웠어요. 나만 괴로운 것 같아서 억울했어요. 내 괴로움을 몰라주니

화가 났습니다. '저 사람은 내가 사라지면 외로울까? 슬플까? 그저 조금 아쉬울까?' 사랑에 대한 확신이 사라졌습니다.

그런데 생각해보니 이혼한다고 괴로움이 사라지는 게 아니더라고요. 사회적 편견, 양육에 관한 조율, 양가 부모님이 받을 상처 등 또 다른 괴로움이 기다리고 있었습니다. 괴로움의 종류가 다를 뿐 어디에나 높은 산이 기다리고 있었어요. 인생에 이토록 힘들었던 순간이 또 있었던가 싶을 만큼 힘들었습니다.

가출해보신 적 있으세요? 저는 있습니다. 사춘기 때도 안 했던 가출을 아이엄마가 되고 나서 했습니다. 화난 감정과 제가 요구하는 것을 표현했는데 남편이 몰라주는 겁니다. 무작정 집을 뛰쳐나왔어요. 집 근처 아울렛에 갔는데 벌써 문을 닫았습니다. 혼자 영화나 봐야겠다고 4층에 올라갔는데 아는 영화도, 보고 싶은 영화도 없었어요. 다행히 차 열쇠를 챙겨 나와서 지하주차장에 주차된 차 안에서 몇 시간을 울다 밤 늦게 집에 들어갔습니다.

울면서 참 많은 생각을 했어요. '우리는 끝까지 잘 살 수 있을까? 살 수 없다면 우리는, 우리 아이는 어떻게 될까? 대체 언제쯤 행복해질까? 나는 앞으로 더 맹렬한 쌈닭이 되어야 할까? 아니면 이전처럼 묵언 수행을 해야 할까? 결단이 필요하다!' 상처가 곪는 줄도 모르고 무턱대고 참기만 하면 내가 망가집니다. 그렇다고 미울 때마다 싸우자고 덤비면 상대방이 다쳐요.

가출을 권하는 것은 아니에요. 결과가 더 안 좋을 수도 있습니다. 다만 차분히 나를, 우리의 관계를 돌아볼 시간이 필요합니다. 반복되는 싸움과 분노에 매몰되면 생각이 멈춥니다. 그저 이 고통을 빨리 끝내고 싶은 마음이 앞서죠. 가출 이후 저는 제 목소리를 내기 시작했어요. 목소리를 내다보니 대화의 기술도 생겼습니다. 바로 "너도 맞고 나도 맞다"입니다. "네 생각은 틀렸고 내 생각만 맞다."가 아니라 우리 둘 다 맞는 말을 했지만, 이번 경우에는 어떤 것을 선택할까 하는 식으로 접근했어요. "왜 네 생각만 강요해? 내 생각은 안중에도 없어?" 날을 세우지 않으니 관계가 다소 편안해졌어요.

고등학교 친구들 모임에 가면 으레 남편 흉이 절반 이상입니다. 맞장구치기 정말 좋은 소재니까요. 그날도 여느 밤처럼 '누구 남편이 더 나쁜가' 대결이라도 하듯 이야기를 쏟아내고 있는데 유일하게 한 친구만이 조용했어요. 심지어 우리의 이야기에 "에이, 뭐 그 정도로.", "그럴 수도 있지 뭐." 하는 썩 마음에 들지 않는 추임새를 덧붙였어요. 한참이 지나고 물어봤어요. 결혼 10년 차가 넘었는데 아직도 그렇게 좋은 이유가 대체 무어냐고요. 친구는 네 글자로 짧게 대답했습니다. 측은지심. '그래, 당신도 애쓰고 있구나. 당신도 나만큼 힘들구나.'라고 생각하라는 겁니다.

"너도 마흔 살 넘어봐." 남편이 요즘 저한테 자주 하는 말입니다. 뭔가를 자꾸 잊어서 제가 원망하면 꼭 이렇게 말하더라고요. 누군가로부터 칭찬을 들었을 때 제가 "아휴, 아니에요." 하며 매우 어색하게 웃는 스타일이라면 남편은 "네, 제가 좀 그렇죠." 하며 거기에 뭘 더 얹어서 어필하는 스타일입니다. 제가 "아, 옛날에는 소주도 잘 마시고 하이힐도 잘만 신었는데" 하며 지나간 시간을 그리워하는 동안 남편은 '지금,

여기'에 집중하며 미래를 계획하는 사람이에요. 늘 당당하고 자기만족이 강한 남편이 나이 탓을 하니 어쩐지 서글펐습니다. 맞아요, 우리는 같이 늙어가고 있습니다. 서로의 가장 찬란했던 시간을 기억하며, 인생에서 가장 힘든 시간을 공유하며 같이 늙어가고 있어요.

놀이공원처럼 가족 단위의 손님이 많이 찾는 곳에 가보면 엄마는 늘 화가 나 있어요. 남자친구랑 동물 머리띠하고 두 손 가볍게 데이트할 때는 몰랐습니다. '이렇게 좋은 곳에 와서 왜 인상을 찡그리고 있지?' 이해할 수 없었어요. 그런데 지금은 제 얼굴의 화도 보이고 다른 사람 얼굴의 화도 충분히 이해합니다. 아이가 어릴 땐 남편한테 화가 나 있어요. 손발이 척척 안 맞으니까요. 내가 기저귀를 갈면 얼른 쓰레기통에 갖다 버리면 좋겠고, 내가 아이를 안으면 얼른 유모차를 정리해주면 좋겠는데 멀뚱멀뚱 서 있어요. 시키기 전에는 뭘 해야 하는지 모릅니다. 아이의 욕구에 엄마만큼 빨리 반응하지 못하는 남편이 정말 원망스러워요. 엄마는 두 배로 힘들고요.

아이가 좀 크면 아이한테 화가 나 있어요. 아이의 요구가 버거우니까요. '배고프다. 졸리다. 기저귀가 축축하다.'를 넘어선 수많은 불평과 요구들이 있습니다. '다리 아프다. 저 장난감 갖고 싶다. 이 메뉴는 마음에 안 든다. 놀이공원 폐장시간이 다 되었지만 나가기 싫다.' 이제 부부는 한 팀이 되어 아이를 달래고 설득하기 시작합니다.

인생의 모든 것이 그렇듯 늘 좋기만 한 것도 늘 나쁘기만 한 것도 없는 것 같아요. 부부관계도 그래요(사랑과 믿음과 감사로 늘 좋기만 한 부부가 있다면 정말이지 부럽습니다). 폭풍우가 휘몰아치듯 어둡고 불안한 시간이 지나고 나니 평화로운 시간이 찾아왔어요. '아이를 위해 내가 무조건 참아야지.'라는 다짐만으로는 버티기 힘든 고비가 많습니다. '누구나 그렇다. 이 또한 지나가리라.' 하는 마음으로 오늘도 그와 함께 안녕한 하루를 보내봅니다.

아빠의 독박육아가
가정에 미치는 영향

남편은 새벽 여섯 시면 일어나 눈곱을 떼고 부스스 흐트러진 머리에 대강 물만 묻히고 출근을 합니다. 아내와 아이는 곤히 자고 있어요. 회사에 가면 책임연구원으로 열심히 일합니다. 한 번도 회사 일이 힘들다거나 아무개 때문에 스트레스받는다거나 하는 말은 하지 않네요. 퇴근하면 아이와 놀이터에서 한 시간 정도 놀아줍니다. 집에 오면 저녁을 먹고 설거지를 하고 하루도 빠지지 않고 음식물 쓰레기를 갖다버립니다. 일주일에 세 번은 세탁기를 돌리고 건조가 끝나면 빨래를 갭니다. 큰 몸을 웅크려 거실 바닥에 구부정하게 앉아 빨래를 개요.

아이가 잠들면 주말에 찍은 아이 동영상을 편집하거나 돌아오는 주말에 어디 가서 뭐할까 검색합니다. 제가 "○○○에 가고 싶다."라고 말하면 남편은 주차정보, 주변 식당, 사전예약, 할인 혜택, 준비물 등을 알아보고 집에서 몇 시에 출발해야 하는지까지 계산해요. 밤 12시가 되면 휴대전화를 충전기에 꽂고 잠든 아이 옆에 눕습니다. 아직 잠자리 독립을 하지 못한 여덟 살 딸아이 곁을 지키는 건 엄마가 아니라 아빠입니다. 모유 수유하던 시절 밤잠을 설치느라 몸이 많이 망가진 저를 위해 남편이 한 약속이에요. "커서 혼자 잘 수 있을 때까지 내가 데리고 잘게."

주말이 되면 무거운 짐을 옮기고 차에 싣고 운전을 합니다. 나들이가 일찍 끝난 주말이면 집 안 구석구석 청소기를 돌리고 물걸레 청소포로 남은 먼지를 제거해요. 조기축구나 골프를 해본 적이 없고 친구들 모임도 별로 없습니다. 써놓고 보니 제가 백점짜리 남편과 살고 있네요. 여가의 거의 모든 시간을 가족과 함께 보내고 가족 이외의 일에는 좀처럼 지갑을 열지 않으니까 말입니다.

그런데 저는 왜 매일 힘이 들까요? 제가 하는 일이라고는 식구들 밥 챙기고 아이를 돌보는 것뿐인데 말입니다. 이렇게나 역할분담이 철저하고 그는 자신이 할 일을 내일로 미루거나 저한테 떠넘기는 일도 없는데 말입니다. 도대체 무엇 때문에 억울하고 불만족스러운 느낌마저 드는 걸까요? 하루를 마무리하면서 시원한 맥주 한 캔으로 자신을 위로하지 않으면 못 견디는 걸까요?

아이를 돌보는 일이 만만치 않기 때문입니다. 별일 안 해도 정신적 에너지 소모가 엄청나요. 아침에는 기분 좋게 학교에 보내고 싶어 웬만한 요구는 다 들어줍니다.

"엄마, 오늘은 먹여주세요. 김은 없어요? 꺼내주세요."

"아니, 파란 고무줄 말고 노란 고무줄로 묶어주세요. 왼쪽은 노란색, 오른쪽은 주황색."

"어제 마스크줄 빼놨는데 어디 있는지 모르겠어요."

들어주기 어려운 부탁도 아닌데 쌓이고 쌓이면 슬슬 지칩니다. 내가 엄마인지 하녀인지 모르겠어요.

"오늘은 그냥 김 없이 먹어!"

"벌써 묶었잖아. 오늘은 그냥 파란 고무줄로 해."

"엄마는 모르니까 네가 직접 마스크줄 찾아봐."

이렇게 말하면 아이의 감정을 존중해주지 못하는 나쁜 엄마가 된 것 같아 괴로워요. 시간개념이 있어서 스스로 서두르면 좋으련만 말하느라 밥은 또 어찌나 늦게 먹는지요. 옷 갈아입다 거울 앞에서 춤이라도 추면 결국 "늦었다고!" 큰소리칠 수밖에 없어요. 한껏 자신의 모습에 취해서 흥을 돋우던 아이는 김이 빠지고 '머리 모양이 마음에 안 든다', '신발에 뭐가 묻었다' 다른 데서 트집을 잡다가 기어이 한 번 더 혼나고 학교에 갑니다. 아이를 들여보내고 돌아오는 길, 휴대전화 바탕화면에 해맑게 웃는 아이 얼굴을 보면 또 짠한 마음이 들면서 '나는 정말 인내심이 부족한 엄마야' 자책해요. 오후와 저녁에도 이와 비슷한 시간을 보냅니다.

아빠도 홀로 육아를 해봐야 합니다. 엄마가 옆에 있고 아빠가 주도하는 육아 말고, 처음부터 끝까지 아빠가 책임지는 육아를 해봐야 해요. 아이가 어릴 땐 오히려 쉬워요. 잘 먹고, 잘 싸고, 다치지만 않으면 됩니다. 여덟 살이 되면 아이가 부모의 감정을 들었다 놨다 해요. 별거 아닌 요구에도 불뚝불뚝 화가 치솟고 잘 놀다가도 변덕을 부리면 감당하기 힘듭니다. 아이의 감정을 들여다보고 부모의 감정을 조절하는 일은 생각처럼 쉽지 않아요. 직접 해봐야 압니다. 집안일 세 시간 보다 홀로 육아 30분이 더 고된 노동이에요. 회사 일은 눈에 보이는 보상이라도 있는데 아이 돌보는 일은 대가 없는 육체노동, 정신노동입니다.

남편은 큰일은 잘도 결정하면서 아이와 관련된 것은 자꾸 저에게 허락을 받으려고 했어요.

"놀이터 먼저 갔다가 숙제해도 돼?"

"다이소 가서 머리핀 사줘도 돼?"

"영상 편집한 거 보여줘도 돼?"

이게 처음에는 기분이 좋았습니다. 어쩐지 집안의 대장이 된 것 같고요. 그런데 연신 듣다 보니 마음이 좀 상하는 겁니다. '내가 뭘 또 그렇게 금지하는 게 많다고 자꾸 물어봐? 나만 나쁜 사람 만들고!' 억울했어요. '나도 아이 마음 헤아릴 줄 알고 융통성 있는 엄마라고!' 변명하고 싶었어요.

저는 아이를 훈육하고 나면 마음이 힘들어 남편에게 공감을 강요했습니다.

"한다고 했다가 안 한다고 했다가 또 한다고 하면 내가 힘들어? 안 힘들어? 응?"

"내가 아무리 무섭게 해도 눈도 꿈쩍 안 한다니까. 자존심이 세면 본인만 피곤하지, 안 그래?"

"내가 좋게 열 번 말해도 안 들어. 큰소리 내면 그제야 움직인다니까. 나도 우아하게 말하고 싶다고!"

아마 도둑이 제 발 저려서 그랬을 거예요. 남편이 나를 쉽게 화내는 엄마, 어른답지 못하게 아이랑 싸우는 엄마라고 흉볼까 봐 지레 방어막을 쌓습니다. 당신은 절대 내 마음을 이해하지 못할 거라는 서운함도 배어 있고요.

허락을 구하는 남자와 공감을 기대하는 여자의 감정 소모는 남편 혼자 아이를 돌보는 시간이 많아지면서 어느 정도 줄어들었어요. 본인이 알아서 결정해도 눈치 주는 아내가 옆에 없으니 얼마나 신났을까요. 아이가 엄마에게 꾸중 듣고 속상해하던 날입니다. 남편이 아이와 둘이 나가서 쇼핑도 하고 밥도 먹고 들어오더니 이렇게 말하는 겁니다.

"내가 엄청나게 잘해줘서 기분 좋아졌잖아. 그리고 엄마 말씀 잘 들으라고 단단히 타일렀다."

흐뭇한 미소를 지으면서요. 육아에 있어서 아빠의 자기 효능감이 높아지는 순간입니다.

어느 날은 둘이 들어오는데 분위기가 냉랭합니다. 세상에 둘도 없는 부녀 사이가 웬일인가 싶었는데 아이가 아빠한테 무례하게 굴다가 된통 혼난 거예요. 아빠도 아이도 낯선 감정을 느꼈을 겁니다. 평소에 뭘 해도 다 받아주던 아빠였는데, 엄마한테 혼나고 달려가면 엉덩이 두드리며 안아주던 아빠였는데 이상합니다. 아내가 공감을 강요할 때마다 부담스러웠던 남편은 자신의 죄책감을 누가 좀 알아줬으면 합니다. 아이의 잘못보다 더 크게 화낸 것 같아 미안하고 부끄러운데 그 감정

자체가 불편합니다. 아이에게 사과하는 것도 어려워요.

엄마의 행복을 위해 일부러 아빠를 곤경에 빠뜨리라는 얘기가 아닙니다. 직접 경험해봄으로써 느낀 감정들은 아내를 이해하는 데 큰 도움이 될 거예요. 필요할 때 도와주는 사람이 아니라 함께 고민하는 동반자로서의 남편, 생각만 해도 아름답지 않나요?

가족사진으로
사랑을 지장하기

사진 알레르기 있는 남자와 살고 있습니다. 결혼사진 찍던 날의 기억이 선명하게 떠오릅니다. 반짝이는 드레스와 화려한 조명, 전문가의 손길로 완전히 다른 얼굴이 된 저는 마치 공주 놀이라도 하듯 한껏 고무되었어요. 그런데 남편은 그 시간을 굉장히 괴로워했어요. 눈과 입이 같이 웃어야 하는데 눈빛은 노려보듯 강렬하고 입은 그저 "이" 하고 치아를 드러낼 뿐이었습니다. 결국, 얼굴 근육에 경련이 일어나 한참을 쉬었다가 다시 찍어야 했지요.

한 프레임에 부부가 같이 들어간 사진이 별로 없습니다. 그건 아이가 태어난 이후에도 마찬가지였어요. 각자의 휴대전화에 아이 사진은 차고 넘쳤지만, 서로를 찍은 사진이나 온 가족이 함께 찍은 사진이 별로 없었지요.

집집마다 아이 성장앨범을 찍어주는 경우가 많잖아요. 50일, 100일, 돌 이렇게 성장 과정에 따라 패키지로 계약해서 말입니다. "그런 건 카메라가 귀할 때나 하는 거 아닌가?" 남편의 신념은 확고했어요. 요즘처럼 휴대전화 카메라 기술이 좋은 때에 큰돈을 들여 그런 사진을 찍는 건 낭비라고 말했습니다. 제가 생각하기에도 가격이 터무니없이 비쌌고 그 돈이면 차라리 아이에게 좋은 책을 사주자 마음먹었지요.

그런데 참 이상합니다. 아이 친구 집에 가서 벽에 걸린 사진들만 보면 넋을 잃고 쳐다봤어요. 이렇게 천사같이 예쁜 모습은 아주 잠깐인데 남들처럼 찍어줄 걸 그랬나 금방 후회했어요. 친정집에 가면 방마다 조카들 액자가 놓여있는데 딸아이가 왜 자기 사진은 없냐고 물으니 미안한 마음이 들었습니다. 가끔 친구들 SNS에 가족사진이 올라오면 한참을 들여다봤어요. '이 사진관은 어디지? 옷도 구두도 정말 예쁘네. 남편 얼굴도 참 환하다.' 솔직히 말하면 부러웠습니다. 내가 누리는 건 까맣게 잊어버리고 못 가진 것만 눈에 밟혔어요.

그렇다고 남편을 설득할 자신도 없었습니다. 사진관 여기저기를 비교해서 예약하는 일도 번거롭게 느껴졌어요. 평소에 미용실을 가도, 아이 옷을 사도 검색해서 비교하기보다는 그저 집에서 가장 가까운 곳으로 골랐습니다. 어렵게 사진관을 선택해 예약한다 해도 가족나들이를 포기하고 하루를 꼬박 투자해야 하는 게 아까웠어요. 돈 들여 특별하게 사진을 찍는데 아무 옷이나 입고 갈 수 없잖아요. 번번한 옷을 사려면 또 돈과 시간이 필요했습니다. 무엇보다 이 수고로움을 이겨내도 좋은 결과물을 얻는다는 보장이 없었어요. 카메라 앞에만 서면 얼굴이 굳어지는 남자와 살고 있으니까요.

부러움과 아쉬움 사이 어디쯤에서 생각해낸 것이 바로 셀프 가족사진입니다. 매월 마지막 날, 특별한 준비 없이 집에서 사진을 찍기로 한 거예요. 거실에 벤치형 식탁 의자를 끌어다 놓고 휴대전화 카메라 타이머 기능을 이용해서 사진을 찍었습니다. 처음에는 남편의 협조를 구하는 일이 제일 어려웠습니다. 낮에 분명히 "오늘 저녁에 가족사진 찍자." 얘기했는데도 쉽게 잊어버렸어요. 음식물쓰레기를 버리려고 현관문을 나서는 남편을 붙잡고 "우리 오늘 사진 찍기로 했잖아. 의자 좀 같이 들어줘."라고 말하는 것도 꽤나 치사하더라고요.

집에서 편하게 있다가 늦은 저녁에 머리를 감고 화장을 하는 것이 귀찮게 느껴지기도 했습니다. 셋이 나란히 앉아 카메라를 향해 웃어 보이는 게 어색하기도 하고요. 그런데 아이가 그 시간을 너무 좋아하는 겁니다. 온 가족이 함께하는 놀이처럼 여겼어요. 놀이터에서 시간을 보내다가도 "우리 오늘 저녁에 가족사진 찍기로 했잖아." 하면 서둘러 집에 들어왔습니다. 어떤 때는 달력을 보고 자기가 먼저 "엄마, 내일 우리 가족사진 찍는 날이지?" 말하기도 했어요.

아이는 마치 무대연출가처럼 콘셉트를 잡고 의상과 소품을 준비하고 아빠·엄마의 자세를 정해주었어요. 곰 인형과 함께 발레리나 자세를 취하기도 하고 미용실 선생님처럼 한다며 드라이기와 빗을 가져오기도 했습니다. 놀이터에서 좀비 놀이하는 오빠들을 보더니 우리 가족도 좀비가 되어보자며 팔다리를 꺾는 방법을 알려주었어요. 아이의 기대에 부응하기 위해 꼼짝없이 좀비가 되어 무서운 표정을 짓고 괴성을 지르다 보니 웃음이 끊이질 않았습니다. 분홍색 킥보드를 새로 산 달에는 킥보드와 함께 찍고 싶다며 물티슈로 바퀴를 닦아 거실에 들어오기도 했고요. 여름에는 수영복, 가을에는 한복, 또 어느 날엔 잠옷을 입고 찍기도 했어요.

전부 아이의 아이디어였습니다. 사실은 '한 달에 한 번 찍는다.'에 의미를 두고 숙제하듯 후다닥 찍고 마무리하고 싶었는데요. 몰입해서 즐기는 아이의 모습을 보니 그럴 수 없었어요. 자꾸만 새로운 아이디어를 내놓는 아이를 보니 대충할 수 없었습니다. 자기 주도성 교육, 창의력 교육은 멀리 있지 않다는 생각이 들었어요.

가끔 이렇게 찍은 가족사진을 한데 모아놓고 들여다봅니다. 가족사진을 찍으면 그때그때 인화해서 보관하냐고요? 아닙니다. 인스타그램 비공개 계정에 남겨둡니다. '#지안이네셀프가족사진' 하고 태그를 걸어두면 언제든 한꺼번에 볼 수 있어요. 아이의 성장과 변화가 눈물겹게 고마워요. 뭉클합니다. 같은 장소에서 찍은 사진들이니 그 변화가 더 크게 느껴지는 것 같았어요. 평소에 여행을 많이 다니는 편이라 여행지에서 찍은 사진은 많았습니다. 그런데 이 사진들은 뭔가 달랐어요. 여행사진은 그 배경이나 음식에 집중했지만, 집에서 찍은 가족사진은 오롯이 사람에 초점이 맞춰져 있었습니다. 수영장, 케이블카, 먹음직스러운 디저트가 아니라 '우리'가 주인공이었습니다.

A4 용지 한 장에 1월부터 9월까지 찍은 가족사진을 모아 출력해서 벽에 붙여두었어요. 아이가 그 앞에 한참을 서 있더니 "엄마, 내가 이걸

로 노래 만들어줄게." 합니다. 뜬금없이 무슨 노래인가 하고 들어보니 "1월! 빰빰빰! 나의 여덟 살이 처음으로 탄생했죠. 내 다리 찢기 실력 좀 보세요. 정말 놀랍지 않나요." 그렇게 시작된 노래는 30분 넘게 이어졌어요. 우리의 시간을 이야기로, 다시 노래로 엮어내는 아이의 모습이 정말 감동적이었습니다. 사진 아래에는 이렇게 써 놓더라고요.

'10월 마지막 날에는 얼굴에 예쁘게 그림 그려서 핼러윈 사진 찍기'

이제 더는 남의 집 가족사진이 부럽지 않습니다. 남과 비교하려는 마음을 접으니 열등감을 버릴 수 있었어요. 내가 가지고 있는 조건에서 내가 할 수 있는 일을 했습니다. 만약 남편을 설득하려고 했다면 설득에 실패하고 화만 났을 거예요. 남편을 미워했겠지요. 억지로 설득해서 함께한다고 해도 저 혼자만 행복했을 겁니다. 가족의 아름다운 순간을 남기려는 가족사진에서 가족 모두가 행복하지 않다면 무슨 소용이겠어요.

평범한 일상, 익숙한 장소에서 가족사진을 꾸준히 남겨보세요. 값비싼 사진 한 장보다 규칙적으로 기록해둔 사진 열두 장이 더 애틋하게 느껴집니다. 화려하지는 않지만 보면 볼수록 따뜻해요. 사진이라는 건 참 희한해요. 찍을 땐 별거 아닌 것 같아도 지나고 나서 보면 그날의 분위기, 감정까지 고스란히 살아나니까요. 먼 훗날 부모가 떠나도 사진은 남아 아이 곁에 머물겠지요. 인생이 뜻대로 되지 않을 때 자신이 묶어준 대로 양 갈래머리를 하고 환하게 웃어주던 엄마 얼굴이 위로가 될 거예요. 세상에 혼자라고 느낄 때 자신을 안아서 번쩍 들어 올리던 아빠의 두 팔이 외로움을 달래줄 겁니다.

가족신문으로
소속감 느끼기

초등학교 때 방학숙제로 빠지지 않았던 것이 있습니다. 바로 가족신문 만들기에요. 저는 이 숙제를 할 때마다 애를 먹었어요. 신문이라고 하면 뭔가 특별한 이벤트가 있어야 할 것 같은데 하루하루의 시간은 늘 평범하게 흘러갔으니까요. 무엇보다 사진을 인화하는 것도 힘들었습니다. 그래서 아주 오랫동안 제 머릿속에 가족신문이라는 것은 만들기 번거로운 것이라는 생각이 있었어요.

컴퓨터와 스마트폰은 그 문제를 말끔히 해결해주었습니다. 종이를 오리고 붙이고 그림을 그려 색칠할 필요가 없어요. 컴퓨터를 활용하면 가족신문 제작이 매우 쉽습니다. 저의 경우는 '미리캔버스'라는 디자인 플랫폼을 활용해요. '신문'이라고 검색하면 다양한 무료 디자인 도구가 나오기 때문에 초보자도 몇 번의 조작만으로 간편하게 신문을 만들 수 있습니다. 웹 공간에 저장되어 있으므로 언제든지 수정할 수 있고 다시 인쇄하는 것도 가능해요. 매월 인쇄할 수도 있고 모았다가 1년 치, 2년 치를 한꺼번에 인쇄해서 책으로 엮을 수도 있습니다. 스마트폰을 가지고 다니면서 거의 매일 아이 사진을 찍으니 사진 구하는 것도 어렵지 않아요.

매월 세 페이지의 신문을 발행했는데 구성은 복잡하지 않았어요. 첫 번째 페이지에는 그달에 기록하고 싶은 우리 가족의 특별한 이벤트를 사진과 함께 실었습니다. 예를 들면 아이의 유치원 졸업과 초등학교 입학, 할머니 생신 잔치, 새 킥보드 구매와 같은 것들이요. 두 번째와 세 번째 페이지에는 주말 나들이 다녀온 것을 사진과 함께 담았어요. 사진 옆에 글은 육하원칙에 따라 쓰면 됩니다. 예를 들면 다음과 같이요.

'1월 23일 일요일, 우리 가족 모두 ○○○ 보건소에서 PCR 검사를 받았어요. 아빠 회사에서 코로나바이러스 감염 확진자가 나왔기 때문입니다. 다행히 모두 음성 판정을 받았어요. 앞으로도 외출 후 손 씻기, 마스크 잘 쓰기를 실천해서 코로나바이러스 감염을 예방해요.'

길게 쓸 필요도 없고 대단히 잘 써야 하는 것도 아닙니다. 우리 가족에게 언제, 어떤 이벤트가 있었는지 명확하게 기록하기만 하면 돼요.

이렇게 시작한 가족신문이 나중에는 좀 더 풍성해졌습니다. 아이가 학교에서 완성한 만들기 작품이나 수업시간에 쓴 동시, 미술학원에서 그린 그림, 할아버지께 쓴 생신 축하 카드까지 사진을 찍어서 담았어요. 그야말로 아이의 작품집이 되었습니다. 벽에 한동안 걸려있다가,

책상 위 한구석을 차지하다가 결국은 쓰레기통으로 갈 수밖에 없는 아이의 소중한 작품들이 가족신문 안에 영원히 붙박여 있었어요.

신문을 발행하면 처음에는 식탁 위 독서대에 올려둡니다. 아이는 밥을 먹다가도 신문을 보고 집안을 왔다 갔다 하다가도 신문을 보더라고요. 보고 또 보면서 우리의 지나간 한 달에 대해 조잘조잘 이야기를 쏟아냈어요. "엄마, 이때 눈 위에서 뒹굴었는데 하나도 안 추웠죠?", "엄마, 이 콘서트 정말 재미있었죠? 노래 생각나요? '설탕 톡톡, 소금 톡톡, 이스트 톡톡' 우리 다 같이 불렀잖아요." 부모가 아이에게 다양한 경험을 선물하고자 노력하는 이유는 그 순간에 아이가 느낄 행복감 때문이에요. 그 순간은 물론이고 이렇게 시간이 지나고 나서도 따뜻한 느낌을 길어 올릴 수 있으니 얼마나 좋은지 모릅니다.

요즘은 종이신문을 보는 가정을 찾아보기 힘들어요. 어른들은 포털 사이트에서 눈에 띄는 제목을 클릭하여 뉴스를 접하고 아이들은 유튜브 동영상으로 새로운 소식을 만납니다. 그마저도 뉴스다운 뉴스가 아니라 자극적인 영상이나 가십 기사인 경우가 많아요. 아이들이 신문이 낯설 수밖에 없는 이유입니다. 교실에서 국어시간에 관련 내용(6학년 1학기 '학급 신문 만들기', 6학년 2학기 '관심 있는 내용으로 뉴스 원고 쓰기')을 다룰 때마다 아주 기본적인 것부터 가르쳐주어야 했습니다. 어렸을 때부터 가족신문 만들기로 신문의 구성과 뉴스의 특성에 친숙해진 아이라면 더 쉽게 접근할 수 있을 거예요. 학급 신문 만들기에서 주도적인 역할을 할 겁니다.

혹시 아이들 성장 기록을 포토북으로 남겨주시나요? 저도 휴대전화

사진은 너무 많기도 하고 나중에 잘 안 보게 되어서 포토북을 만들어 주었어요. 생후 1일차부터 시작해서 6개월 단위로 한 권씩 만들었습니다. 그런데 꾸준히 만들지 못하고 중간에 포기했어요. 총 네 권 그러니까 만 2년까지의 모습들만 포토북에 담겨있습니다. 돈을 내고 제작하다 보니 잘 만들어야겠다는 욕심이 작용한 것 같아요. 사진 하나를 골라도 여러 번 비교해서 고민하고 짧은 글을 넣을 때도 문장을 계속 매만집니다. 한 번 만들면 수정할 수 없으니까요. 그러다 보니 포토북 한 권 만드는데 꽤 많은 시간이 필요하고 '나중에 시간 있을 때 만들자' 해 놓고는 자꾸 미루는 겁니다. 그런데 아이를 키우다 보면 그 여유로운 시간이라는 것이 좀처럼 생기지 않아요. 가족신문은 포토북에 비해 확실히 비용과 시간을 절감할 수 있었습니다.

기록의 힘은 정말 대단해요. 평범한 일상을 특별하게 만들어주니까요. 기록하지 않았으면 그냥 지나쳤을 어제와 비슷한 오늘이 글과 사진을 통해, 종이의 물성을 통해 빛나는 하루가 됩니다. 기록은 그저 기록하는 것만으로 끝나지 않더라고요. 그 기록을 함께 보면서 가족이 이야기꽃을 피우고 다음 도전이나 여행을 계획했습니다. 한 달의 시간을 함께 돌아보면서 시간이 얼마나 빠르게 흘러가는지 느꼈어요. 아이는 키와 머리카락만 자라는 게 아니에요. 표정과 몸짓도 자랍니다. 흘러가는 시간을 잡을 수 없다면 우리의 시간을 어떻게 하면 알곡같이 가득 채울 수 있을까를 고민했습니다.

가족신문을 만들면서 지역신문의 존재 이유에 대해 깨달았어요. 분명 전국을 이야기하는 신문이 발행되지만 여전히 지역신문도 사라지지 않고 계속 발행됩니다. 그건 바로 '소속감' 때문인 것 같아요. 타 지역에서 일어나는 사건·사고나 문화행사는 놀랍기는 하나 나와는 거리가 먼 이야기입니다. 그러나 나와 가까운, 나를 포함한 지역에서 일어나는 일들은 나의 세상이 살아 움직이는 느낌이에요. 조금만 이동하면 참여할 수 있고 내 일처럼 함께 기뻐하고 슬퍼합니다. 가족신문도 마찬가지예요. 우리의 사건을 기록하고 감정을 공유함으로써 공동체 의식과 소속감을 느낄 수 있습니다.

앞으로 우리의 가족신문은 더 나은 방향으로 나아갈 거예요. 아이가 자라면 신문의 기획과 구성을 아이에게 맡길 생각입니다. 글도 아이가 직접 쓰고요. 신문을 발행해서 어떻게 보관할지, 누구에게 나누어줄지도 아이가 결정하게 하려고 합니다. 그 과정에서 아이는 자기 주도성을 기를 수 있을 거예요. 아이가 우리 가족의 모습을 담은 소식지를 어떤 형태로 만들어낼지 벌써 기대가 됩니다. 머지않아 가능할 것 같아요.

학교에서 아이들 글쓰기 지도를 하다 보면 생각을 글로 표현하는 것을 참 어려워합니다. 처음부터 자기 생각을 써보라고 하면 어른도 어려워요. 시작은 경험 글쓰기가 되어야 합니다. 경험을 글로 표현하는 것으로 가족신문 만들기만큼 좋은 것이 없어요. 함께 겪은 사건이 있으므로 쓸 거리가 명확하고 그때 느낀 감정과 그 감정 덕분에 피어오른 생각이 있습니다. 생각은 어떤 다짐일 수도 있고, 참신한 아이디어일 수도 있어요.

신문활용교육(NIE)이 한창 붐을 일으키다 주춤하고 있는데요. 저는 여전히 신문의 교육적 효과를 높이 평가하고 있습니다. 어휘력 확장은 물론이고 비판적 사고력을 키우고 사회에 관한 관심을 높일 수 있어요. 어느 날 갑자기 아이에게 신문을 들이밀고 "생각해보자, 말해보자, 글 써보자." 하면 도망가기 십상입니다. 가족신문으로 예열하세요. 신문은 낯설고 어려운 것이 아니라 책만큼 재미있는 읽을거리라는 생각을 심어주세요.

Part 4 가정이 행복해야 아이가 행복하다

Q10. 남편과 아이가 좀 더 친하게 지냈으면 좋겠다는 생각이 들어요. 주말만이라도 아빠와 아이가 친해질 방법이 없을까요?

아빠와 아이, 둘만의 시간을 많이 만들어주세요. 저도 주말은 특별한 일이 없으면 가족과 함께 보내는 편이라 둘만의 시간을 따로 만들기가 어려웠습니다. 셋이 있으면 딸아이는 저만 찾았어요. 저희 집은 아빠와 딸이 매우 친한데도 불구하고 아빠를 한 번 부르는 동안 엄마는 스무 번, 서른 번 불렀습니다. 그러다 보니 아빠는 항상 저만치 물러나 있고 엄마의 체력은 금방 고갈되었어요.

특별한 일이 없으면 특별한 일을 만들어보세요. 왜 아빠들의 잦은 회식과 일요일 아침 조기축구는 당연하고 엄마들은 주말에도 삼시 세끼 밥을 차려야 하나요. 가끔은 주방 파업도 필요합니다. 주말에 운영하는 센터에 가서 운동을 등록하거나 주말 독서 모임에 참여해보세요. 저 같은 경우는 카페에 가서 글을 쓰거나 도서관에 가서 책을 읽었습니다. 엄마가 오롯이 엄마의 시간을 보내는 동안 아빠와 아이는 한층 가까워져 있을 거예요.

아빠랑 있으면 이상하게 머리는 산발이고 가끔 날씨에 맞지 않는 옷을 입기도 하지만 뭐 어때요. 다치지만 않으면 됩니다. 이런저런 시도 끝에 아빠도 편하고 아이도 좋아하는 놀 거리가 몇 가지 생기면 둘만의 시간을 아주 잘 보내더라고요. 저희 집 두 사람은 보통 청소놀이, 노래 틀어놓고 춤추는 영상 찍기, 영화 보기를 많이 합니다. 엄마가 화장실만 가도 울던 아이인데 이제는 제가 1박 2일 집을 비워도 걱정 없어요.

Q11. 맞벌이 부부라서 늘 아이에게 미안한 마음이 들어요. 이런 부부가 마음의 짐을 더는 방법이 있을까요?

저희도 맞벌이 부부라 아이에게 늘 미안했어요. "빨리 먹어.", "빨리 씻어.", "빨리 입어." 채근할 때마다, 이른 아침 불 꺼진 유치원에 아이를 혼자 들여보낼 때마다, 아이가 아프다는 연락을 받고도 바로 달려가지 못할 때마다 죄책감을 느꼈습니다. 나는 대체 무엇을 위해 이렇게 동동거리며 살까, 어쩌자고 저 작은 아이를 엄마 품에서 떼어놓을까 자괴감이 들었습니다.

그런데요. 제가 아이 1학년 때 휴직을 하고 보니 엄마가 집에 있다고 아이에게 안 미안한 게 아니더라고요. 오래 붙어있다 보니 그만큼 갈등상황도 많이 생겼고요. 그동안 못 해준 미안함에 자꾸 이것저것 챙겨주다 보니 아이는 점점 더 저에게 의존하는 것 같았습니다. 다른 아이들은 엄마 없이도 척척 잘 해내는데 오히려 나의 휴직이 아이의 자율성을 가로막는 것 같았어요. 그러니까 '미안함'은 엄마의 숙명 같은 게 아닐까요. 이래도 미안하고 저래도 미안한 게 엄마 마음입니다.

아이와 보내는 시간은 양보다는 질이 중요하다고들 하죠. 얼마나 오랜 시간 같이 있느냐보다 그 시간을 어떻게 보내느냐가 훨씬 중요합니다. 아이가 바라는 건 대단한 게 아니에요. 아이에게 등을 보이지 않고 아이의 이야기를 들어주는 것, 많이 안아주는 것, 사랑한다고 많이 말해주는 것을 원해요. 여덟 살은 "잘했어.", "네가 최고야.", "사랑해." 라는 말을 매일 듣고도 또 듣고 싶어 합니다.

Q12. 아빠 없이 아이를 키우고 있어요. 학교에 가면 아빠가 학교생활에 참여해야 하는 일도 많다고 들었는데, 아이가 기죽을까 미안하고 걱정스러워요.

결론부터 말씀드리면 아빠가 반드시 참여해야 할 학교 활동은 없습니다. 아이가 학교에 가면 부모님이 꼭 참석해야 하는 활동이 세 가지 있는데요. 바로 학부모 공개수업 참관, 녹색학부모회 교통봉사, 학부모상담입니다. 이 세 가지는 모두 엄마가 해도 되고 아빠가 해도 됩니다. 그외에 학부모회, 학교운영위원회, 반 대표 등과 같은 활동은 소수의 희망자만 참여하는 것이므로 걱정하지 않으셔도 됩니다.

아이가 기죽는 건 부모의 부재가 아닌 부모의 양육 태도와 관련이 있어요. 핀잔이나 지적을 많이 듣고 자라면 기를 펴지 못하고 주눅 드는 경우가 많습니다. "이제 1학년인데 젓가락질도 못 하고, 책상 정리도 못 하고 어쩌려고 그래?"라는 말을 들은 아이와 "많이 어렵지? 엄마도 여덟 살 때는 어려웠어. 엄마랑 같이 연습해볼까?"라는 말을 들은 아이는 표정부터 다르겠지요. 학교에 회신해야 할 가정통신문이 계속 늦어지거나 숙제를 안 내는 일이 반복되면 선생님께 지적받을 수 있어요. 매일 알림장을 꼼꼼히 챙겨주세요. 1학년은 아직 알림장을 혼자 챙기기 힘듭니다.

교실에서 아이들을 관찰해봤을 때 부모가 모두 있다고 학교 적응을 잘하고, 한부모 가정이라고 움츠러들고 그런 건 없습니다. 어른으로부터 충분한 인정과 사랑을 받은 아이는 당당하게 앞으로 나아가요. 실수나 실패를 두려워하지 않습니다.

12월 30일, 교문을 나서는 아이를 꼭 안아주었습니다. 1학년으로서 마지막 학교생활을 마치는 날이었어요. 마음을 담아 쓴 카드를 건넸습니다. 생일보다, 크리스마스보다 이날을 더 기념하고 축하하고 싶었어요. 낯설고 어렵고 설레고 기쁜 시간을 지나 별 탈 없이 일 년을 잘 마무리한 아이에게 진심으로 고마웠습니다. 선생님께 전화라도 올까 봐, 어디선가 내 아이 이야기가 들려올까 봐 내내 조마조마했던 스스로에게도 이제 그만 안심하라고 말해주고 싶었어요.

그런 제 마음을 아는지 모르는지 눈썹이 축축이 젖은 채로 "엄마, 나 선생님이랑 친구들이랑 헤어지는 거 너무 슬퍼. 우리 반 진짜 좋았는데. 선생님이랑 친구들이랑 다 같이 2학년 5반 하면 안 돼?" 합니다. 꽁꽁 얼었던 제 마음이 그제야 녹았어요. 엄마의 걱정이 무색하게 아이는 편안하고 행복한 일 년을 보냈던 겁니다. 이별이 아쉽다고 말해주니 그걸로 충분했어요.

이 책의 마무리 작업이 한창이던 어느 주말 아침이었습니다. 노트북 가방을 메고 집을 나서는데 아이가 "엄마, 책 잘 쓰고 와. 파이팅!" 하더라고요. 그날 밤 잠자리에서 아이에게 물었습니다.

"지안이는 엄마가 무슨 책을 쓰면 좋겠어?"

"음……. 《사자와 마녀와 옷장》같이 재미있는 책이나 아니면 어떻게 하면 학교생활을 잘하는지 뭐 그런 책? 내가 알려줘?"

"진짜? 어떻게 하면 학교생활을 잘하는데?"

"그거야 쉽지!"라면서 얼마나 많은 말을 쏟아내던지요. 아이는 몰랐던 겁니다. 매일 전전긍긍하는 엄마의 마음을요. 이렇게 책 한 권이 만들어질 만큼 깊고 진했던 엄마의 고민을요. 맥없이 주저앉아 울고 싶던 날들, 나의 엄마 노릇은 왜 이다지도 형편없는지 자책하던 날들이 수두룩했습니다. 아이가 몰라서 얼마나 다행인지요. 아이는 자신을 믿고 신나게 일 년을 보냈습니다.

이 책의 제목이 정해지고 사실은 부담이 더 늘었습니다. 아이를 아는 사람들이 어떻게 읽을까 생각하면 대충 쓸 수 없었어요. 거짓을 담을 수 없었습니다. 무엇보다 10년 후, 20년 후 이 책이 딸아이에게 어떤 의미가 될까 생각했습니다. 그래서 잠을 줄이고 시간을 쪼개어 더 오래 매만졌어요. 타고난 글재주가 없으니 내가 만든 부끄러운 문장들을 읽고 또 읽었습니다. 우리의 이야기가 누군가에게 조금이나마 도움이 되면 좋겠어요. 사랑하기 때문에 흔들리고, 애쓰기 때문에 고단한 엄마의 마음을 다독이면 좋겠습니다.

첫 책보다 어려웠습니다. 제 자신을 의심하며 포기하고 있을 때 손 내밀어주신 스토리닷 이정하 대표님 덕분에 이 이야기가 책으로 만들어졌어요. 존경하는 아버님, 어머님, 그리고 나의 엄마 고영순 님, 사랑합니다. 남몰래 눈물을 삼켰을 당신들의 수많은 밤을 이제야 아주 조금 헤아려봅니다. 원고를 쓸 때마다 독박육아를 자처해준 이수호 씨, 든든

합니다. 책쓰기의 시작과 끝을 함께해준 이은정 선생님, 추천사를 부탁했을 때 흔쾌히 허락해주신 김민아 선생님, 멀리서 서로를 응원하는 다정한 내 친구 정영선 님, 고마워요.

마지막으로 책의 주인공이 되어준 나의 하나뿐인 딸에게 이 책을 바칩니다.

'지안아, 네가 태어난 순간부터 지금까지 내 마음은 온통 너로 가득해. 엄마는 너를 위해 못할 일이 없어. 나의 푸석함으로 너의 생기를 빚을 수 있다면 엄마는 그 또한 기꺼이 받아들일 거야. 삶의 맑은 날이나 흐린 날이나 너를 힘껏 응원하는 사람이 있다는 걸 잊지 마. 초콜릿보다 너를 더 사랑해.'

지안이는 1학년
초판 1쇄 발행 | 2023년 2월 19일

글	전영신
펴낸이	이정하
디자인	정연경

펴낸곳	스토리닷
주소	서울시 서초구 방배동 934-3 203호
전화	010-8936-6618
팩스	0505-116-6618
ISBN	ISBN 979-11-88613-30-4 (03590)

홈페이지	blog.naver.com/storydot
SNS	www.facebook.com/storydot12
전자우편	storydot@naver.com
출판등록	2013. 09. 12 제2013-000162

스토리닷은 독자 여러분과 함께합니다.
책에 대한 의견이나 출간에 관심 있으신 분은 언제라도 연락주세요.
반갑게 맞이하겠습니다.